变电运维巡视

口袋书

国网江苏省电力有限公司苏州供电分公司　组编

中国电力出版社
CHINA ELECTRIC POWER PRESS

内 容 提 要

　　本书以变电站运维人员的日常巡视工作为主要内容，分为五章，分别是变电站巡视概述、一次设备巡视、二次设备巡视、辅助设备巡视以及专项巡视，图文并茂地阐述了巡视中的技能要点、关键部位和易忽视死角，为变电站巡视工作提供了一份精准的"定位指南"。

　　本书是从事变电运维日常工作的工具书，可供电力系统变电运维生产和管理人员学习及培训使用。

图书在版编目（CIP）数据

变电运维巡视口袋书 / 国网江苏省电力有限公司苏州供电分公司组编. —北京：中国电力出版社，2024.1
ISBN 978-7-5198-8386-7

Ⅰ . ①变… Ⅱ . ①国… Ⅲ . ①变电所–电力系统运行 Ⅳ . ①TM63

中国国家版本馆 CIP 数据核字（2023）第 237937 号

出版发行：中国电力出版社	印　　刷：固安县铭成印刷有限公司
地　　址：北京市东城区北京站西街 19 号	版　　次：2024 年 1 月第一版
邮政编码：100005	印　　次：2024 年 1 月北京第一次印刷
网　　址：http://www.cepp.sgcc.com.cn	开　　本：787 毫米×1092 毫米　横 32 开本
责任编辑：罗　艳（010-63412315）	印　　张：7.125
责任校对：黄　蓓　常燕昆	字　　数：144 千字
装帧设计：张俊霞	印　　数：0001—1500 册
责任印制：石　雷	定　　价：58.00 元

编　委　会

主　　任　　龚逊东

副 主 任　　黄国栋　石一峰

成　　员　　陈　伟　吴　军　杨翔宇　夏　峰　李　博

编写工作组

组　　长　　陈　伟

副 组 长　　赵巴玮　李　博

编写人员　　吴婧瑜　万　伦　殷慧兰　顾晨杰　边万聪　徐国栋

　　近年来，随着我国电网规模快速发展，变电站数量激增，大量新设备投入使用，新老设备交织运行，变电站巡视作为变电运维人员的重要工作技能面临着更高效率、更高精准、更高要求的挑战。面对庞大的设备数量、快节奏的巡视任务和精益化的巡视要求，如何使广大变电运维人员快速掌握巡视技能、高效完成巡视任务、精准定位设备缺陷、深度挖掘设备隐患，最大限度保障变电站设备安全稳定运行，成为当前变电运维专业迫切的任务之一。

　　为了在最短时间内使变电运维人员掌握巡视技能，高效精准地完成巡视任务，守牢变电站安全运行的最后一道防线，本书采用结合实际案例的方式，以图为主、文字为辅，直观全面地总结了变电设备的巡视要点，有针对性地强调了巡视中的关键部位，系统性地罗列了现场易忽视的巡视死角，为变电站巡视工作提供了一份全面精准的"定位指南"。

本书共五章，包括变电站巡视概述、一次设备巡视、二次设备巡视、辅助设备巡视、专项巡视，总结了巡视中的技能要点、关键部位和易忽视死角，易携带、易翻阅、易比对，是从事变电运维日常工作必不可少的工具书。

由于作者水平有限、编写时间短促，书中难免有疏漏和不妥之处，敬请专家和读者不吝指正。

编　者

2023 年 11 月

目 录
CONTENTS

前言

第一章
变电站巡视概述

一、变电站巡视意义

变电站巡视，是变电运维值班员检查电力设备运行状况，掌握设备运行规律，确保安全运行必不可少的基础工作。通过巡视检查，能够掌握主设备、辅助设备运行状况及周围环境的变化，发现设备缺陷和危及设备安全的隐患，以便及时消除缺陷，预防事故发生，或将故障影响限制在最小范围，保证电力系统正常运行。

二、巡视分类

按照不同工作场景，变电站巡视类型主要包括例行巡视、全面巡视、熄灯巡视、特殊巡视和专业巡视，具体内容及巡视周期如图 1.1 所示。

三、巡视方法及要求

为保证巡视工作质量，值班员应当熟练掌握主要巡视方法——"看""听""嗅""触"和分析，看有无异常现象（跑冒滴漏等）、听有无异常声响、嗅有无特殊气味、触非带电部位温度是否异常、借助仪器检测分析。

为确保人身安全和提升巡视质量，巡视过程中值班员应严格遵循以下要求：

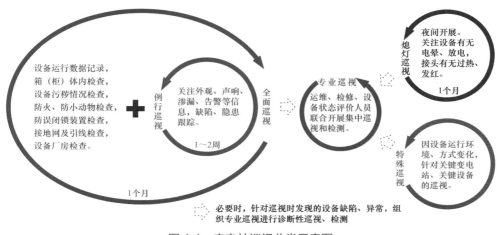

设备运行数据记录，箱（柜）体内检查，设备污秽情况检查，防火、防小动物检查，防误闭锁装置检查，接地网及引线检查，设备厂房检查。

例行巡视

关注外观、声响、渗漏、告警等信息，缺陷、隐患跟踪。

1～2周

全面巡视

1个月

专业巡视

运维、检修、设备状态评价人员联合开展集中巡视和检测。

熄灯巡视

夜间开展。关注设备有无电晕、放电，接头有无过热、发红。

1个月

特殊巡视

因设备运行环境、方式变化，针对关键变电站、关键设备的巡视。

必要时，针对巡视时发现的设备缺陷、异常，组织专业巡视进行诊断性巡视、检测

图 1.1 变电站巡视分类示意图

（1）巡视开展前，应准备好各类箱体柜体钥匙，带好望远镜、红外测温仪、移动作业终端等必备工具；

（2）巡视高压设备，人体与带电体保持足够安全距离；

（3）进出高压室应随手关门，以防小动物进入；

（4）遇雷雨时应停止户外巡视，不得靠近避雷器；

（5）设备巡视做好完整巡视记录；

（6）发现缺陷及时分析，做好记录并按照缺陷管理制度向班长和上级汇报；

（7）巡视后应将本次抄录数据与上次巡视抄录数据进行认真核对和分析，及时发现设备存在的问题；

（8）值班人员应按照设备巡视路线认真执行，以防漏巡；

（9）新进人员和实习人员不得单独巡视设备。

四、巡视路线

巡视路线一般建议选择从主控室出发，对后台机、二次设备等出现的告警信号有针对地开展巡视检查，帮助及时发现设备异常或缺陷，巡视结束后返回主控室进行再次核对确认。巡视路线宜根据变电站实际情况调整，路线制定原则如下：

（1）不遗漏、不重复，路线尽可能短；

（2）户外站：由近及远、分块分区对设备逐一巡视；

（3）户内站：按照楼层对设备区逐一巡视；

（4）户内外混合站：按照户内、户外设备区逐一巡视；

（5）气体绝缘封闭组合电器（gas insulated switchgear，GIS）开关室应从安装 SF_6 在线监测装置的一侧进入。

户外型变电站建议巡视路线（220kV 典型站）如图 1.2 所示。

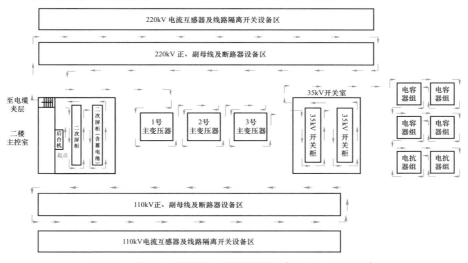

图 1.2　户外型变电站建议巡视路线（220kV 典型站）

半户内型变电站建议巡视路线（220kV 典型站）如图 1.3 所示。

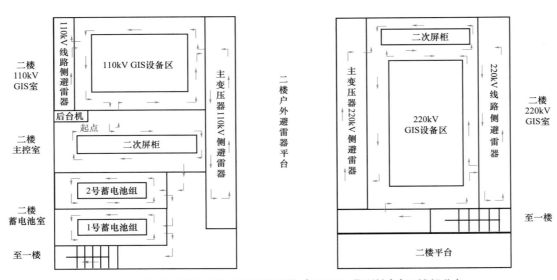

图 1.3　半户内型变电站建议巡视路线（220kV 典型站）（二楼部分）

6

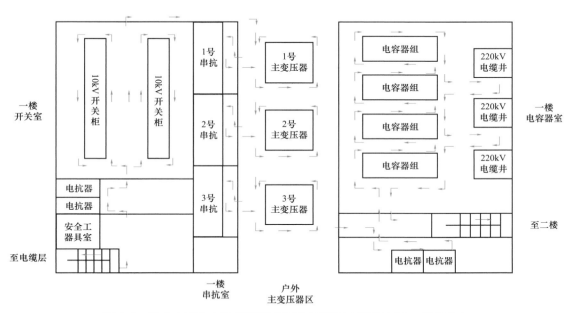

图 1.3 半户内型变电站建议巡视路线（220kV 典型站）（一楼部分）

户内型变电站建议巡视路线（110kV 典型站）如图 1.4 所示。

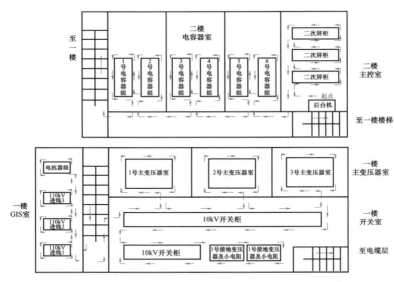

图 1.4 户内型变电站建议巡视路线（110kV 典型站）

第二章
一次设备巡视

一、主变压器

变压器组件按照其在变压器运行中的作用，可以大致分为以下几类：

（1）在变压器运行起到安全保护类组件，包括气体继电器、油位计、压力释放阀、多功能保护装置等；

（2）测温装置。主要指各类温度计及测温元件；

（3）油保护装置。主要有储油柜、吸湿器等；

（4）变压器冷却装置，如散热器、风冷却器、水冷却器等；

（5）各类套管；

（6）调压装置即分接开关，分为无载调压开关和有载调压开关。其典型结构如图 2.1 所示。

主变压器的巡视内容按设备重点关注部位，主要分为五个部分：① 本体及套管；② 非电量保护装置；③ 呼吸器；④ 冷却系统；⑤ 其他附件等。

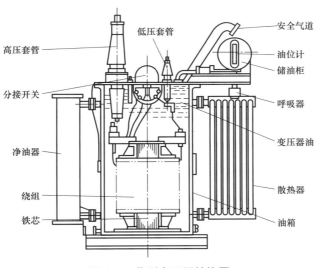

图 2.1 典型变压器结构图

1. **本体及套管**

（1）各部位无渗油、漏油，油位正常，异常情况的示例如图 2.2～图 2.10 所示。

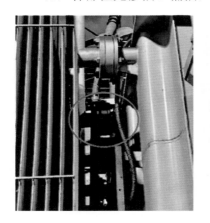

图 2.2　主变压器本体和散热器连
接处阀渗油

图 2.3　主变压器气体继电器
下方漏油（挂油珠）

主变压器放油阀处严重漏油

图 2.4　主变压器中性点套管渗油，油位偏低

图 2.5　主变压器 B 相绝缘子表面严重油污

图 2.6　主变压器套管漏油

（a）示例 1

（b）示例 2

图 2.7　主变压器套管升高座渗油

图 2.8 主变压器本体油位偏低

图 2.9 主变压器有载油位偏低

变电运维巡视口袋书

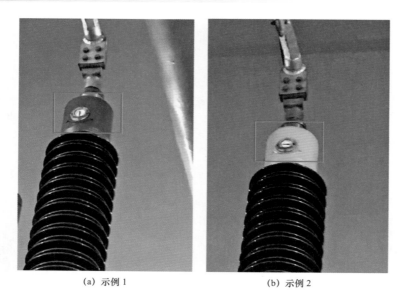

(a) 示例1　　　　　　　　　　(b) 示例2

图2.10　主变压器110kV套管B相油位指示与A、C相不一致

（2）变压器外壳、铁心和夹件接地良好。主变压器10kV桥架接地扁铁断裂如图2.11所示。

图 2.11 主变压器 10kV 桥架接地扁铁断裂

（3）引线及接头正常，35kV 及以下接头及引线绝缘护套良好。主变压器 10kV 侧热塑套异常情况如图 2.12 和图 2.13 所示。

图 2.12　主变压器 10kV 侧 C 相热塑套脱落

图 2.13　主变压器 10kV 侧 B 相热塑套扣子开裂

2. 非电量保护装置

（1）温度计完好、指示正常，表盘密封良好，无进水、凝露，指示正常。主变压器绕组温度指示异常（一般绕组温度高于油温 10～15℃）如图 2.14 所示。主变压器两油温温度计温差较大，存在故障，如图 2.15 所示。

(a) 示例 1

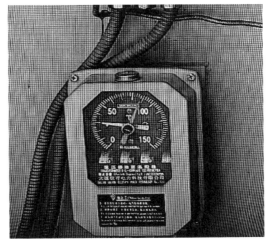

(b) 示例 2

图 2.14 主变压器绕组温度指示异常

(a) 示例 1　　　　　　　　　　　　(b) 示例 2

图 2.15　主变压器两油温温度计温差较大

（2）气体继电器内无气体，气体继电器、油流速动继电器、温度计防雨措施完好。异常情况如图 2.16 和图 2.17 所示。

图 2.16　主变压器有载气体继电器一半气一半油

图 2.17　主变压器气体继电器无防雨罩

3. 呼吸器

本体及有载呼吸器畅通，不自上而下变色，上部不应被油浸润，无碎裂、粉化，吸湿剂潮解变色不超过总量的 2/3，油封油位正常。异常情况如图 2.18～图 2.21 所示。

图 2.18　主变压器有载吸湿器硅胶变色

图 2.19　硅胶上部变色，密封油位偏高

图 2.20　主变压器吸湿器内部漏油（温度高、油位高引起漏油）

图 2.21　吸湿器螺栓严重锈蚀

4. 冷却系统

冷却系统异常情况如图 2.22～图 2.24 所示。

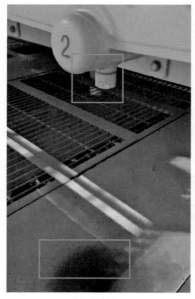

（a）示例 1　　　　　　　　　　（b）示例 2

图 2.22　散热片下方螺帽处滴油

图 2.23 主变压器风扇表面有塑料薄膜

图 2.24 主变压器风机外罩积灰

5. 其他附件

充氮灭火装置。充氮灭火装置异常情况如图 2.25~图 2.28 所示。

图 2.25　充氮灭火装置氮气压力低图

图 2.26　充氮灭火管道严重锈蚀

图 2.27　充氮灭火排油蝶阀检查窗有水雾

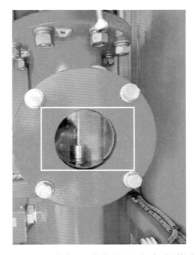

图 2.28　充氮灭火装置观察窗内进油

6．需紧急停运的情况

（1）变压器声响明显增大，内部有爆裂声。

（2）严重漏油或者喷油，使油面下降到低于油位计的指示限度。

（3）套管有严重的破损和放电现象。

（4）变压器冒烟着火。

（5）变压器正常负载和冷却条件下，油温指示表计无异常时，若变压器顶层油温异常并不断上升，必要时应申请将变压器停运。

（6）变压器轻瓦斯保护动作，信号频繁发出且间隔时间缩短，需要停运检测试验。

（7）变压器附近设备着火、爆炸或发生其他情况，对变压器构成严重威胁时。

（8）强油循环风冷变压器的冷却系统因故障全停，超过允许温度和时间。

二、电流互感器

电流互感器按绝缘介质，分为干式绝缘、油绝缘、浇注绝缘和气体绝缘型。其中，干式绝缘包括有塑料外壳（或瓷件）和无塑料外壳两种，由普通绝缘材料经浸漆处理的电流互感器，当用瓷件作为主绝缘时，也称为瓷绝缘；油绝缘即油浸式电流互感器，其绝缘主要由纸绕包，并浸在绝缘油中，若在绝缘中配置有均压电容屏，通常又称为油纸电容型绝缘；浇注绝缘的绝缘主要是绝缘树脂混合浇注经固化成型；气体绝缘主要是具有一定压力的绝缘气体，如 SF_6 气体。图 2.29 和图 2.30 分别是两种现场典型的电流互感器结构。

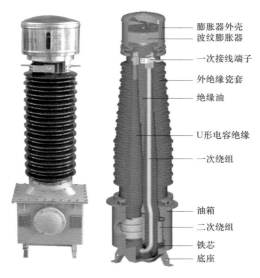

膨胀器外壳
波纹膨胀器
一次接线端子
外绝缘瓷套
绝缘油
U形电容绝缘
一次绕组
油箱
二次绕组
铁芯
底座

(a) 实物图　　　　(b) 结构图

图 2.29　油浸式正立式电流互感器结构

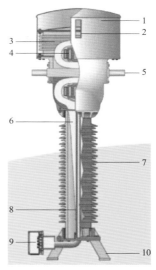

1
2
3
4
5
6
7
8
9
10

图 2.30　油浸倒置式电流互感器结构

1—铝罩壳；2—油位指示；3—金属膨胀器；4—二次铁心；
5——一次导杆；6—油纸绝缘；7—瓷套；8—二次引下线铝管；
9—二次接线盒；10—底座

电流互感器的巡视内容按设备重点关注部位，主要分为两个部分，即本体及引线和其他附件等。

1. 本体及引线

（1）油浸电流互感器油位指示正常，本体外绝缘、油嘴阀门、法兰、金属膨胀器、引线接头等处无渗漏油现象。电流互感器异常情况如图 2.31～图 2.34 所示。

(a) 示例 1　　　　　　(b) 示例 2

图 2.31　电流互感器 A 相油位指针偏低（正立式）

图 2.32　电流互感器三相渗油，油位正常

（a）示例1　　　　　　　　　　　　　　　　　（b）示例2

图 2.33　主变压器低压侧电流互感器套管处渗油（位置较高，需在二楼平台处观察）

图 2.34　倒立式电流互感器渗漏油

电流互感器渗漏油现象及处理见表 2.1。

表 2.1   电流互感器渗漏油现象及处理

渗漏油现象	处理
每滴不快于 5s，油位正常	加强监视，上报缺陷
每滴不快于 5s，油位低于下限	立即汇报申请停运
每滴快于 5s	立即汇报申请停运
倒立式互感器出现渗漏油	立即汇报申请停运

（2）吸湿器硅胶变色在规定范围内，金属膨胀器无变形，膨胀位置指示正常。电流互感器硅胶变色如图 2.35 所示。

图 2.35 电流互感器硅胶变色

（3）外绝缘表面完整、无裂纹、放电痕迹、老化迹象。

（4）底座接地可靠，无锈蚀、脱焊现象，金属部位无锈蚀、变形。电流互感器末屏接地处和油位箱严重锈蚀如图 2.36 和图 2.37 所示。

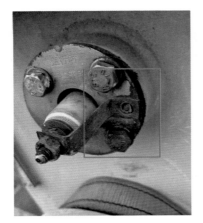

图 2.36　电流互感器末屏接地处严重锈蚀

图 2.37　电流互感器油位箱严重锈蚀

2．其他附件

（1）二次接线盒。二次接线盒渗油如图 2.38 所示。

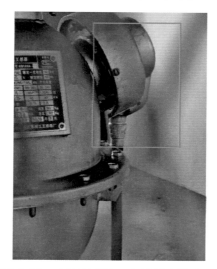

图 2.38 电流互感器 B 相接线盒处渗油

二次接线盒内部异响、放电声

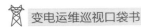

（2）其他。观察窗异常情况如图 2.39 和图 2.40 所示。

图 2.39　电流互感器油位观察窗玻璃碎裂

图 2.40　电流互感器油位观察窗模糊不清

3. 需紧急停运的情况

（1）外绝缘严重裂纹、破损，严重放电。

（2）严重异音、异味、冒烟或着火。

（3）严重漏油、看不到油位。

（4）严重漏气、气体压力表指示为零。

（5）本体或引线接头严重过热。

（6）金属膨胀器异常膨胀变形。

（7）压力释放装置（防爆片）已冲破。

（8）末屏开路。

（9）二次回路开路不能立即恢复时。

（10）设备的油化试验或SF_6气体试验时主要指标超过规定不能继续运行。

三、电压互感器

电压互感器一般可分为电磁式电压互感器（又可分油浸式和干式）和电容式电压互感器，其一次结构如图 2.41 和图 2.42 所示。

(a) 示例 1   (b) 示例 2

图 2.41 电磁式电压互感器外形图

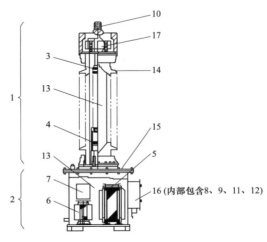

图 2.42 电容式电压互感器结构图

1—电容分压器；2—电磁单元；3—高压电容；4—中压电容；5—中间变压器；

6—补偿电抗器；7—阻尼器；8—电容分压器低压端对地保护间隙；

9—阻尼器连接片；10—一次接线端；11—二次输出端；12—接地端；

13—绝缘油；14—电容分压器套管；15—电磁单元箱体；

16—端子箱；17—外置式金属膨胀器

　　电压互感器的巡视内容按设备重点关注部位，主要分为两个部分，即本体及引线和其他附件等。

1. 本体及引线

（1）油浸电压互感器油色、油位指示正常，各部位（套管、放/注油阀、法兰、金属膨胀器、引线接头）无渗漏油现象。异常现象如图2.43～图2.46所示。

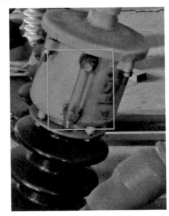

图2.43　电压互感器C相渗油　　图2.44　电压互感器油位偏低　　图2.45　电容器放电电压互感器油位低

图2.46 电压互感器本体油位观察窗指示不清，金属部位严重锈蚀

电压互感器渗漏油现象及处理见表2.2。

表 2.2   电压互感器渗漏油现象及处理

渗漏部位	现象	处理
油浸式电压互感器电磁单元	油位不可见/每滴不快于 5s，油位正常	加强监视，上报缺陷
油浸式电压互感器电磁单元	每滴不快于 5s，油位低于下限	立即汇报申请停运
油浸式电压互感器电磁单元	每滴快于 5s	立即汇报申请停运
电容式电压互感器电容单元	出现渗漏	立即汇报申请停运

（2）SF$_6$ 电压互感器压力表指示在规定范围内，无漏气现象，密度继电器正常，防爆膜无破裂。电压互感器气室压力低如图 2.47 所示。

图 2.47　电压互感器气室压力低

（3）各连接引线及接头无松动、发热、变色迹象，引线无断股、散股。

注意：**油浸式电压互感器整体温升偏高，且中上部温度高，温差超过 2K，可判断为内部绝缘降低，应立即汇报申请停运。**

2. 其他附件

电压互感器二次接线盒严重锈蚀如图 2.48 所示。

图 2.48　电压互感器二次接线盒严重锈蚀

3. 需紧急停运情况

（1）高压熔断器连续熔断 2 次。

（2）外绝缘严重裂纹、破损，电压互感器有严重放电，已威胁安全运行时。

（3）内部有严重异音、异味、冒烟或着火。

（4）油浸式电压互感器严重漏油，看不到油位。

（5）SF_6 电压互感器严重漏气或气体压力低于厂家规定的最小运行压力值。

（6）电容式电压互感器电容分压器出现漏油。

（7）膨胀器永久性变形或漏油。

（8）压力释放装置（防爆片）已冲破。

（9）电压互感器接地端子 N（X）开路、二次短路，不能消除。

（10）设备的油化试验或 SF_6 气体试验时主要指标超过规定不能继续运行。

四、站用变压器

站用变压器的巡视内容按设备重点关注部位，主要分为两个部分，即本体及套管和其他附件等。

1. **本体及套管**

（1）各部位无渗油、漏油，油位正常，呼吸器完好，硅胶受潮变色硅胶不超过 2/3（单一颜色）。站用变压器异常情况如图 2.49～图 2.51 所示。

图 2.49　站用变压器本体漏油

图 2.50　站用变压器油位偏低

图 2.51　站用变压器 B 相高压桩头渗油

（2）站用变压器各部位的接地可靠，接地引下线无松动、锈蚀、断股。

（3）有载分接开关的分接位置及电源指示应正常，分接挡位指示与监控系统一致。

（4）干式站用变压器环氧树脂表面及端部应光滑、平整，无裂纹、毛刺或损伤变形，无烧焦现象，表面涂层无严重变色、脱落或爬电痕迹。站用变压器绝缘表面放电严重，运行声异常如图 2.52 所示。

图 2.52　站用变压器绝缘表面放电严重，运行声异常

2. 其他附件

干式站用变压器温度控制器显示正常，器身感温线固定良好，无脱落现象，散热风扇可正常启动，运转时无异常响声。异常情况如图 2.53 和图 2.54 所示。

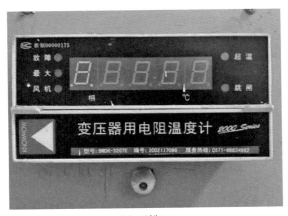

(a) 示例 1

(b) 示例 2

图 2.53　温度控制器显示异常

图 2.54　站用变压器 B 相熔丝固定套损坏掉落

3. 需紧急停运的情况

（1）站用变压器喷油、冒烟、着火。

（2）站用变压器严重漏油使油面下降，低于油位计的指示限度。

（3）站用变压器套管有轻微裂纹、局部损坏及放电现象，需要停运处理。

（4）站用变压器内部有异常响声，有爆裂声。

（5）站用变压器在正常负载下，温度不正常并不断上升。

（6）高压熔断器连续熔断。

（7）站用变压器引出线的接头过热，红外测温显示温度达到严重发热程度，需要停运处理。

（8）干式站用变压器环氧树脂表面出现爬电现象。

五、电抗器

电抗器分类如下：

（1）按结构，可分为空心电抗器、铁心电抗器和带气隙的铁心电抗器。

（2）按冷却介质，可分为干式电抗器和油浸式电抗器，如图 2.55 所示。

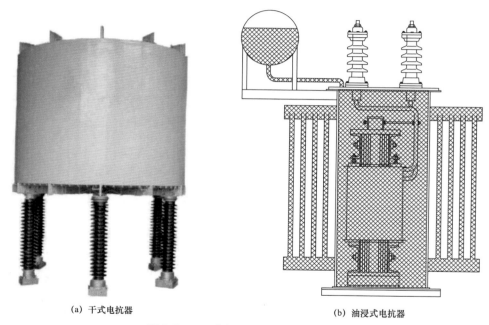

（a）干式电抗器   （b）油浸式电抗器

图 2.55 干式电抗器和油浸式电抗器

电抗器的巡视内容按设备重点关注部位，主要分为两个部分，即本体及引线和其他附件等。

1. 本体及引线

（1）呼吸器完好，油杯内油面、油色正常，呼吸畅通，硅胶受潮变色硅胶不超过 2/3（单一颜色），无渗漏油。异常情况如图 2.56 和图 2.57 所示。

图 2.56　电抗器本体螺栓处渗油

图 2.57　电抗器呼吸器硅胶变色

（2）外观清洁，无积垢、无变形，表面涂层无变色、龟裂、脱落或爬电痕迹。干式电抗器本体有裂纹如图 2.58 所示。

(a) 示例 1　　　　　　　　　　　　(b) 示例 2

图 2.58　干式电抗器本体有裂纹

（3）引线无散股、断股、扭曲，松弛度适中；连接金具接触良好，无裂纹、变形。

（4）无异常声响、震动及放电声。

示例：电抗器有异响

2. 其他附件

（1）绝缘子无破损，金具完整；支柱绝缘子金属部位无锈蚀，支架牢固，无倾斜变形。电抗器本体金属部位严重锈蚀（有渗漏）如图 2.59 所示。

图 2.59　电抗器本体金属部位严重锈蚀（有渗漏）

（2）温度显示及风机工作正常。

3. 需紧急停运的情况

（1）油浸式电抗器参照变压器执行。

（2）接头及包封表面异常过热、冒烟。

（3）包封表面有严重开裂，出现沿面放电。

（4）支持绝缘子有破损裂纹、放电。

（5）出现突发性声音异常或振动。

（6）倾斜严重，线圈膨胀变形。

六、消弧线圈

消弧线圈又称消弧电抗器或接地故障补偿装置，是一个具有铁心的可调电感线圈，两种典型的消弧线圈分别为干式和油浸式。油浸式消弧线圈的外形与单相变压器相似，而其内部实际上是一个具有分段（即带间隙）铁心的电感线圈。

消弧线圈的巡视内容按设备重点关注部位，主要分为两个部分，即本体和调谐装置等。

1. 本体

（1）油浸式消弧线圈、接地变压器各部位无渗、漏油，油位与温度相对应，呼吸器完好。

（2）硅胶变色正常。消弧线圈本体硅胶潮解变色部分超过总量的 2/3 见图 2.60。

图 2.60　消弧线圈本体硅胶潮解变色部分超过总量的 2/3

（3）金属部位无锈蚀，底座、支架牢固，无倾斜变形。消弧线圈本体挡位处锈蚀严重无法辨认见图 2.61。

(a) 示例 1　　　　　　　　　　　　　　　　(b) 示例 2

图 2.61　消弧线圈本体挡位处锈蚀严重无法辨认

（4）消弧线圈容量适当，分接开关挡位指示应与消弧线圈控制屏、综自监控系统上的挡位指示一致。消弧线圈本体有持续蜂鸣器报警，实际挡位与调谐装置、后台不对应见图 2.62；消弧线圈容量不合适、挡位到头见图 2.63。

（a）持续蜂鸣器报警

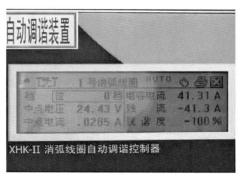

（b）实际挡位与调谐装置不对应

（c）实际挡位与后台不对应

图 2.62 消弧线圈本体异常情况

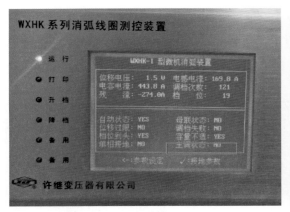

(a) 示例1

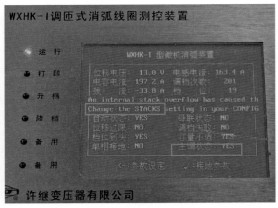

(b) 示例2

图 2.63　消弧线圈容量不适，挡位到头

（5）本体及附件（消弧线圈、接地变压器、储油柜、套管、引线接头、电缆终端、阻尼电阻、端子箱内二次回路接线）无发热现象。

2. 调谐装置

液晶显示屏应清晰可辨认，无花屏、黑屏，装置采样正常，符合实际运行方式。显示异常如图 2.64 所示。

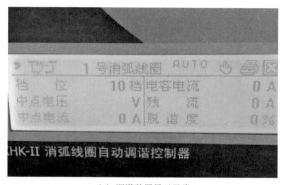

<table>
<tr><td>(a) 调谐装置显示异常</td><td>(b) 重启后黑屏无显示</td></tr>
</table>

图 2.64 调谐装置显示异常，重启后黑屏无显示

注意：消弧线圈应运行于过补偿状态，中性点位移电压不得超过 $15\%U_n$，中性点电流应小于 5A，脱谐度应调整在 5%～20%。

3. 需紧急停运情况

（1）接地变压器或消弧线圈冒烟着火。

（2）油浸式接地变压器或消弧线圈严重漏油或者喷油。

（3）接地变压器或消弧线圈套管有严重破损和放电现象。

（4）干式接地变压器或消弧线圈本体表面树枝状爬电现象。

（5）阻尼电阻烧毁。

（6）正常运行情况下，声响明显增大，内部有爆裂声。

（7）附近的设备着火、爆炸或发生其他情况，对成套装置构成严重威胁。

（8）当发生危及成套装置安全的故障，而有关的保护装置拒动。

七、断路器

断路器作为电力系统最重要的设备之一，能够关合、承载、开断运行回路正常电流，并可以在规定时间内切断故障电流，保障电力系统的安全稳定运行。断路器按照绝缘和灭弧介质可以分为油断路器、真空断路器、SF$_6$断路器等。

断路器结构及巡视注意点如图2.65所示。

本体瓷套清洁、无破损，倾斜、无异声

分合闸指示正确

操作箱储能、动作次数、SF$_6$压力等指示清晰正确，孔洞、胶条等封堵严密

图 2.65　断路器结构及巡视注意点

1. 本体

（1）断路器外观完好，绝缘瓷套表面清洁，无破损裂纹或放电痕迹。内部无异常声响，油色及油位正常。断路器绝缘子破损如图 2.66 所示。

图 2.66　断路器绝缘子破损

（2）断路器指示标识完好，电气和机械位置指示一致。断路器指示标识异常如图 2.67 和

图 2.68 所示。

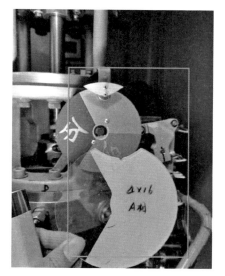

图 2.67　断路器 A 相机械指示牌断裂

图 2.68　断路器机械位置看不出

（3）SF$_6$密度继电器。

1）SF$_6$密度继电器外观无破损、无渗漏，表计指示清晰。断路器 SF$_6$压力表表盘模糊如图 2.69 和图 2.70 所示。

图 2.69　断路器 SF$_6$压力表表盘模糊（示例 1）

图 2.70　断路器 SF$_6$压力表表盘模糊（示例 2）

2）断路器 SF_6 压力指示正常。断路器 SF_6 压力偏低如图 2.71 和图 2.72 所示。

图 2.71　断路器 SF_6 压力偏低（示例 1）

图 2.72　断路器 SF_6 压力偏低（示例 2）

3）户外 SF_6 密度继电器应设置防雨罩。SF_6 断路器管道阀门开闭状态正确。断路器 SF_6 压力表异常如图 2.73 和图 2.74 所示。

图 2.73　断路器 C 相 SF$_6$压力表外壳脱落

图 2.74　断路器 SF$_6$压力表表盘破碎

2. 操动机构

（1）机构箱。断路器机构箱密封良好、无变形、无锈蚀。断路器机构箱分合闸异常如

图 2.75 和图 2.76 所示。

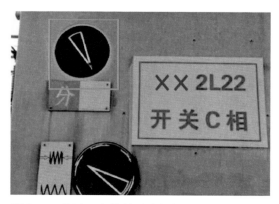

图 2.75　断路器机构箱分合闸指示处防雨罩掉落

图 2.76　断路器机构箱分合闸指示表盘破损

（2）储能模块。液压机构油箱油位正常、无渗漏油，油泵电源正常，油泵运转正常；液压（气动）操动机构压力正常，弹簧操动机构储能正常。断路器液压机构油位过低如图 2.77 和图 2.78 所示。断路器液压油位降低至接近 0 如图 2.79 所示。

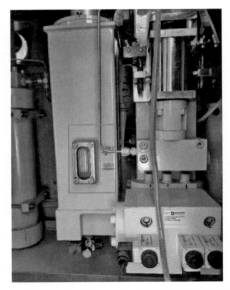

图 2.77　断路器液压机构油位过低（示例 1）

图 2.78　断路器液压机构油位过低（示例 2）

断路器气动机构漏气视频

图 2.79 断路器液压油位降低至接近 0

3. 其他附件

加热驱潮装置运行正常、投退正确。

4. 需紧急停运的情况

（1）套管有严重破损和放电现象，导电回路部件有严重过热或打火现象。

（2）SF_6 断路器严重漏气，发出操作闭锁信号。

（3）少油断路器灭弧室冒烟或内部有异常声响，或严重漏油，油位不可见。

（4）多油断路器内部有爆裂声。

（5）真空断路器的灭弧室有裂纹或放电声等异常现象。

（6）落地罐式断路器防爆膜变形或损坏。

（7）液压、气动操动机构失压，储能机构储能弹簧损坏。

八、隔离开关

隔离开关主要负责电力系统内运行方式调整及提供明显断开点。隔离开关的类型很多，按照部件的功能，可以分为导电系统、连接部分、触头、支柱绝缘子和操作绝缘子、操动机构和机械传动系统及底座。

1. 本体

（1）隔离开关铭牌、相序标志明显。其操动机构机械指示、后台及测控装置上隔离开关位置信息与实际位置一致。隔离开关位置异常如图 2.80 和图 2.81 所示。

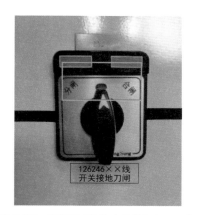

图 2.80 隔离开关分合闸指示不正确

图 2.81 隔离开关机械位置指示不到位（实际正常）

（2）绝缘子及引线（排）。隔离开关触头、触指、压紧弹簧无损伤、变色、锈蚀、变形，导电臂（管）无损伤、变形现象。支持绝缘子外观清洁，无倾斜、破损、裂纹、放电痕迹或放电异声，法兰无开裂现象。底座应可靠接地，无放电、发热痕迹。隔离开关异常情况如图 2.82 和图 2.83 所示。

图 2.82　隔离开关锈蚀严重

图 2.83　隔离开关接地引下线断裂

　　抱箍、线夹无开裂发热现象。设备与引线连接应可靠。隔离开关导引线松脱和引线排变形异常情况如图 2.84 和图 2.85 所示。

图 2.84 隔离开关导引线松脱

隔离开关导引线松脱视频

图 2.85 隔离开关引线排变形

（3）传动连杆。传动连杆无锈蚀、无变形，传动部件无裂纹，传动连杆及其他外露零件无锈蚀，连接紧固。隔离开关传动机构锈蚀严重如图 2.86 所示。

图 2.86　隔离开关传动机构锈蚀严重

2. 其他附件

"远方/就地"切换把手、"合闸/分闸"控制把手外观无异常。

3. 需紧急停运的情况

（1）线夹有裂纹、接头处导线断股散股严重。

（2）导电回路严重发热达到危急缺陷，且无法倒换运行方式或转移负荷。

（3）绝缘子严重破损且伴有放电声或严重电晕。

（4）绝缘子发生严重放电、闪络现象。

（5）绝缘子有裂纹。

九、母线、导线、电缆

1. 母线

（1）本体。

1）母线名称、电压等级、编号、相序等标识清晰、齐全。

2）软母线导线应无断股、松股、闪络烧伤、晃荡、锈蚀和弧度过紧过松现象，导线表面无麻面、毛刺、发热和变色现象。

3）硬母线各连接处接头，穿墙套管无松动、发热等现象，伸缩节应完好，无断裂、过热现象，无异常放电及振动声响。

硬母线（母排）放电如图 2.87 所示。

图 2.87　硬母线（母排）放电

硬母线（母排）放电

（2）其他附件。绝缘子表面积污情况良好；绝缘子表面无爬电或异常放电；母线支柱绝缘子瓷件及法兰无裂纹。

2. 导线

无松股、断股和弛度过紧及过松现象；接头无松动、发热、变色等现象。导线异常情况如图 2.88 和图 2.89 所示。

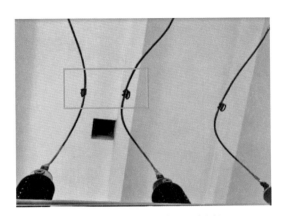

图 2.88　A、B 相引线距离过近

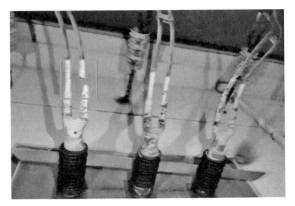

图 2.89　导线断裂

3. 电缆

（1）电缆本体无明显变形，外护套无破损和龟裂现象。电缆终端无异常发热现象，无明显放电痕迹、异味及异常响声。电缆护套异常情况如图 2.90 和图 2.91 所示。

图 2.90　线路出线电缆头护套脱开

图 2.91　电缆护套严重锈蚀

（2）站内无电缆中接头。站内存在电缆中接头的情况如图 2.92 和图 2.93 所示。

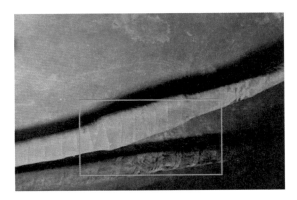
图 2.92　电缆层存在电缆中接头

图 2.93　电缆沟存在电缆中接头

（3）非阻燃电缆应包绕防火包带或涂防火涂料，涂刷应覆盖阻火墙两侧不小于 1m 的范围。

（4）站内电缆头应抽离封堵或做好临时隔离措施，错误操作如图 2.94 所示。瓷质电缆终端（见图 2.95）需逐步更换。

图 2.94　未涂抹防火涂料、电缆头暴露

图 2.95　瓷质电缆终端

（5）检查电缆屏蔽线接法是否正确。屏蔽线穿法示意图如图 2.96 和图 2.97 所示。

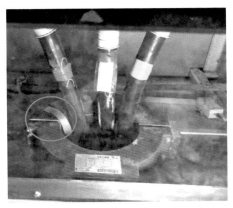

固定点

橡胶绝缘垫　　固定螺栓

角钢支架

正确接线

固定点

橡胶绝缘垫　　固定螺栓

角钢支架

错误接线

图 2.96　屏蔽线穿法示意图（示例 1）

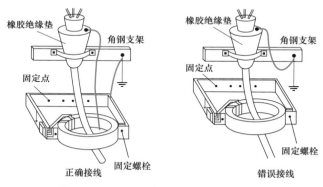

图 2.97　屏蔽线穿法示意图（示例 2）

4. 需紧急停运的情况

（1）母线。

1）母线支柱绝缘子倾斜、断裂、放电或覆冰严重，悬挂型母线滑移。

2）单片悬式瓷绝缘子严重发热。

3）硬母线伸缩节变形，软母线或引流线断股严重。

4）母线严重发热，热点温度不小于 130℃ 或 $\delta \geqslant 95\%$。

5）母线异常音响或放电声音较大。

6）户外母线搭挂异物，危及安全运行，无法带电处理。

（2）引线。发热至危急缺陷，或者档距不足等情况。

（3）电缆。

1）电缆或电缆终端冒烟起火。

2）充油电缆终端发生漏油，变电运维人员不能控制、排除时。

3）电缆终端及本体存在破损、局部损坏及放电现象，需要停运处理。

4）电缆终端及引出线、线夹严重发热。

5）其他被判定为危急缺陷的情况，需要停运处理时。

十、避雷器

避雷器是与电气设备并接在一起的一种过电压保护设备，主要有阀型避雷器和氧化锌避雷器两种类型。主要包括芯体、绝缘外套、接地端和均压环等结构。

1. **本体**

（1）避雷器内部无异常音响，瓷质部分无破损、裂纹及放电现象。防污闪涂层无破裂、起皱；硅橡胶复合绝缘外套伞裙无破损、变形；绝缘底座表面无破损、积污。

（2）均压环无位移、变形、锈蚀现象，无放电痕迹。

避雷器异常情况如图 2.98～图 2.101 所示。

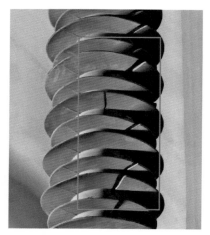

图 2.98　避雷器伞裙开裂（示例 1）

图 2.99　避雷器伞裙开裂（示例 2）

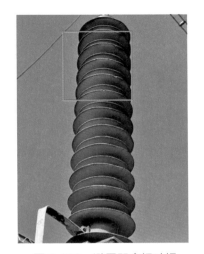

图 2.100　避雷器伞裙破损

图 2.101　避雷器屏蔽线抱箍松脱

2. 其他附件

表计外观完整、清洁、密封良好、连接紧固，指示正常，数值无超标；放电计数器完好，内部无受潮、进水。避雷器泄漏电流异常情况如图 2.102～图 2.105 所示。

图 2.102　避雷器泄漏电流指示为 0

图 2.103　避雷器泄漏电流指示为 0，且内有水汽

图 2.104 避雷器泄漏电流仪表盘破碎（示例 1）

图 2.105 避雷器泄漏电流仪表盘破碎（示例 2）

　　雷雨天气及系统发生过电压后记录放电计数器的放电次数、记录泄漏电流的指示值、检查接地引下线有无烧伤痕迹。避雷器泄漏电流表烧毁和避雷器炸裂如图 2.106 和图 2.107 所示。

图 2.106　避雷器泄漏电流表烧毁

图 2.107　避雷器炸裂

3. 需紧急停运的情况

（1）本体严重过热达到危急缺陷程度。

（2）瓷套破裂或爆炸。

（3）底座支持绝缘子严重破损、裂纹。

（4）内部异常声响或有放电声。

（5）运行电压下泄漏电流严重超标（1.4 倍）。

（6）连接引线严重烧伤或断裂。

十一、电容器

并联电容器，主要用于补偿电力系统感性负荷的无功功率，以提高功率因数，改善电压质量，降低线路损耗。按其结构不同，可分为单台铁壳式、箱式、集合式、半封闭式、干式和充气式等多类品种。高压并联电容器单元主要由元件、绝缘件、连接件、出线套管和箱壳等组成。并联电容器成套装置中还包括放电线圈（或放电压变）、串联电抗器、避雷器、刀闸等。

1. 本体

电容器内部无放电声，外壳无变形及鼓肚现象，无漏、渗油现象，外壳温度不超过 50℃；集合式电容器油温、储油柜油位正常，吸湿器受潮硅胶不超过 2/3。电容器组渗漏油如图 2.108 和图 2.109 所示。

图 2.108　电容器组渗漏油（示例 1）

图 2.109　电容器组渗漏油（示例 2）

2. 其他附件

检查设备的接地良好，接地引下线无锈蚀、断裂且标识完好。瓷质部分清洁，无放电痕迹。电容器组绝缘子断裂如图 2.110 和图 2.111 所示。

图 2.110　电容器组绝缘子破损

图 2.111　电容器组绝缘子断裂

　　电容器外熔丝应无断落，放电线圈完好，放电电压互感器油位正常。电容器异常情况如图 2.112～图 2.115 所示。

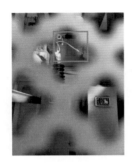

图 2.112　电容器熔丝熔断

图 2.113　示温蜡片脱落

图 2.114　电容器组放电电压互感器油位偏低

图 2.115　电容器组放电电压互感器渗漏油

3. 需紧急停运的情况

（1）电容器发生爆炸、喷油或起火。

（2）接头严重发热。

（3）电容器套管发生破裂或有闪络放电。

（4）电容器、放电线圈严重渗漏油。

（5）电容器壳体明显膨胀，电容器、放电线圈或电抗器内部有异常声响。

（6）电容器壳体温度超过 55℃，或室温超过 40℃，且采取降温措施无效。

（7）集合式并联电容器压力释放阀动作。

（8）电容器 2 根及以上外熔断器熔断。

十二、开关柜及组合电器

开关柜由固定的柜体和真空断路器手车等组成，设备间多采用空气绝缘模式。

充气柜是采用低气压的 SF_6 气体、N_2 气体或混合气体（一般为 0.02～0.05MPa）作为开关设备的绝缘介质，用真空或 SF_6 为灭弧介质，将母线、断路器、隔离开关等元件集中密闭在箱体中。

组合电器是将两种或两种以上的高压电气设备，按电力系统主接线要求组成一个有机的整体。组合电器主要包括 GIS、混合式气体绝缘金属封闭开关设备（hybrid gas insulated metal enclosed switchgear，HGIS）、PASS、COMPASS 等。

1. 开关柜

（1）本体。开关柜上断路器或手车位置指示灯、断路器储能指示灯、带电显示装置指示灯指示正常，异常情况如图 2.116 所示。开关柜内应无放电声、异味和不均匀的机械噪声，异常情况如图 2.117 所示。

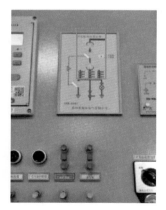

图 2.116　状态指示器手车试验位置灯不亮

图 2.117　电压互感器二次柜 A 相电压表坏

开关柜压力释放装置无异常，释放出口无障碍物。柜体无变形、下沉现象，各封闭板螺栓应齐全，无松动、锈蚀。开关柜闭锁盒、防误锁具闭锁良好，锁具标号正确、清晰。开关柜异常如图 2.118～图 2.123 所示。

图 2.118　开关手车工作位置面板倾倒

图 2.119　开关手车面板脱落

图 2.120　开关柜电缆头绝缘护套破损

图 2.121　开关柜把手坏

图 2.122　充气柜开关气室接近报警值

图 2.123　充气柜二次柜门脱落

（2）其他附件。开关柜接地应牢固，封闭性能及防小动物设施应完好。二次接线连接牢固，无断线、破损、变色现象；控制电源、储能电源、加热除湿电源正常在合闸位置，环路电源小开关除在分段点处断开外，其他柜均在合闸位置。

2. 组合电器

（1）本体。外壳无锈蚀、损坏，漆膜无局部颜色加深或烧焦、起皮现象。金属法兰与瓷件胶装部位黏合应牢固，防水胶应完好。运行中组合电器无异常放电、振动声，内部及管路无异常声响。各部件的运行监控信号、灯光指示、运行信息显示等均应正常。SF_6 气体压力表外观完好，编号标识清晰完整，二次电缆无脱落，无破损或渗漏油，防雨罩完好。组合电器异常如图 2.124 所和图 2.125 所示。

图 2.124　带电显示装置故障

图 2.125　其他气室压力到临界值

（2）其他附件。接地连接无锈蚀、松动、开断，无油漆剥落，接地螺栓压接良好。支架无锈蚀、松动或变形。对室内组合电器，检查氧量仪和气体泄漏报警仪无异常。氧量仪和 SF_6 气体泄漏监控装置报警如图 2.126 所示。

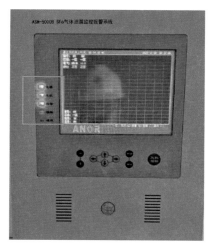

图 2.126　氧量仪和 SF_6 气体泄漏监控装置报警

3. 需紧急停运的情况

（1）开关柜。

1）柜内元件表面严重积污、凝露或进水受潮，可能引起接地或短路时。

2）柜内元件外绝缘严重裂纹，外壳严重破损、本体断裂或严重漏油已看不到油位。

3）接头严重过热或有打火现象。

4）SF_6断路器严重漏气，达到"压力闭锁"状态；真空断路器灭弧室故障。

5）手车无法操作或保持在要求位置。

6）充气式开关柜严重漏气，达到"压力报警"状态。

（2）组合电器。

1）设备外壳破裂或严重变形、过热、冒烟。

2）声响明显增大，内部有强烈的爆裂声。

3）套管有严重破损和放电现象。

4）SF_6气体压力低至闭锁值。

5）组合电器压力释放装置（防爆膜）动作。

6）组合电器中断路器发生拒动时。

第三章
二次设备巡视

变电运维巡视口袋书

一、二次设备巡视的要点

变电站的二次设备用于监视、测量、控制、保护、调节一次设备运行。二次设备装置通常都有自检程序，当发生故障或异常时会自动闭锁，并发出报警信号。因此，二次设备的巡视应重点检查除了告警信号以外的各类异常情况。

（1）外观检查：检查设备的外观，是否有破损、损坏、锈蚀、脱落、松动或异常响声，液晶面板显示正确、无模糊等，检查设备有无明显发热、冒烟、放电、烧焦等痕迹；

（2）信息检查：检查二次设备、各种装置、保护屏、电源屏、直流屏、控制柜、控制箱、监控系统等各类监视、指示灯、表计指示正常，常见保护装置各信号灯示意见表 3.1。

表 3.1 常见保护装置各信号灯示意

指示灯功能	南瑞继保 RCS-902A	北京四方 CSC-101B	国电南自 PSL-602	备注
表示装置运行正常	"运行"灯	"运行"灯	"运行"灯	正常运行时亮，保护闭锁时灭
表示装置出口跳闸	"跳 U 相""跳 V 相""跳 W 相"灯	"跳 U 相""跳 V 相""跳 W 相"灯	"保护动作"灯	保护出口跳闸时亮
表示装置重合闸动作出口	"重合闸"灯	"重合"灯	"重合动作"灯	重合闸出口时亮

续表

指示灯功能	南瑞继保 RCS-902A	北京四方 CSC-101B	国电南自 PSL-602	备注
表示重合闸功能准备就绪	"充电"灯	"充电"灯	"重合允许"灯	重合闸功能准备就绪（充电时间约 12～15s）时亮，重合闸停用、被闭锁或合闸放电后灭
表示通道异常	"通道异常"灯	通道告警	无	正常灭，当通道异常时亮
表示装置工作异常告警但不闭锁	无	"告警"灯常亮	"告警"灯	装置正常时灭
表示装置工作异常告警且闭锁		"告警"灯闪亮		
表示 TV 断线	"TV 断线"灯	无	"TV 断线"灯	TV 断线时亮

（3）供电检查：直流电压正常，直流绝缘监察装置完好。

（4）环境检查：保护室室内温度在 5～30℃，相对湿度不大于 75%，空调机、除湿机运行正常。

保护测控装置及其他智能组件额定电气参数见表 3.2，保护装置结构示意图如图 3.1 所示。

103

表 3.2   保护测控装置及其他智能组件额定电气参数

设备	正常工作温度	极限工作温度	相对湿度	直流工作电源
保护装置	−5～45℃	−10～55℃	5%～95%（装置内部既不应凝露，也不结冰）	220V/110V，允许偏差：−20%～+15%
智能站合并单元	−5～45℃（户内）；−25～55℃（户外）			
智能站智能终端				

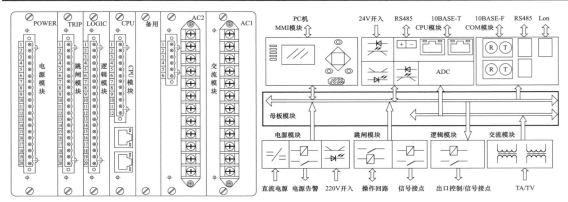

图 3.1　保护装置结构示意图

二、保护装置的工况异常

（1）继电保护和二次设备电源异常。

（2）保护装置死机。

（3）保护装置显示器屏熄灭。

（4）异常和告警灯亮。

保护装置面板示意图如图 3.2 所示，保护液晶屏花屏如图 3.3 所示。

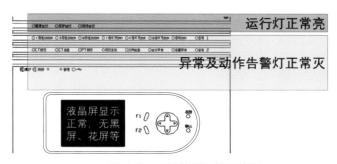

图 3.2　保护装置面板示意图

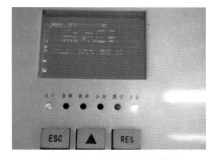

图 3.3　保护液晶屏花屏

（5）核对各功能切换开关位置、连接片位置是否正确，装置内功能投退情况是否符合调度要求。

（6）打印机运行是否正常，有无打印记录，打印纸是否充足，打印字迹是否清晰。

（7）继电器罩子是否盖好，继电器外罩和玻璃有无破碎。

（8）继电器上清洁，铅封应完好。

（9）低电压继电器应无抖动，时间继电器的动触点在零位，信号继电器应无掉牌，继电器无脱轴。

（10）过热异味或异声等不正常现象。

（11）继电器触点的位置是否正常，触点不应发黑或烧毛，线圈温度是否正常。

三、备用电源自动投入装置的充电状态异常

由于备用电源自动投入装置功能启用时，其充电状态受开关位置和电压采集等多个因素控制，运行中可能出现充电状态不符合条件的异常情况，备用电源自动投入装置（简称备自投）未充电可能不会上报"异常"信号，如图 3.4 所示。

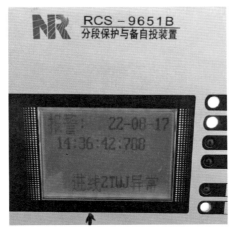

图 3.4 备用电源自动投入装置开入异常

故应结合巡视着重检查备自投装置充电正常，方式正确。以下为各类备自投装置常见的充电状态指示形式：

（1）在机箱面板上用 LED 信号指示灯表示充电情况。

1）用专用的充电指示灯表示，绿灯亮表示已充电，绿灯灭表示未充电，如图 3.5 和图 3.6 所示。

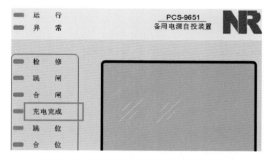

图 3.5　南瑞继保新款备自投装置

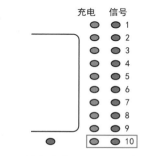

图 3.6　国电南自 PSP 691 备自投装置

2）用组合信号指示灯表示，绿灯亮表示已充电，绿灯灭表示未充电。多个信号指示灯分别表示备自投动作出口的开关或动作序列，如图 3.7～图 3.9 所示。

（2）在液晶显示屏中用图形（空心/实心）表示充电情况。

1）用"电池"图形表示充电状况，实心表示已充电，空心表示未充电，如图 3.10 和图 3.11 所示。

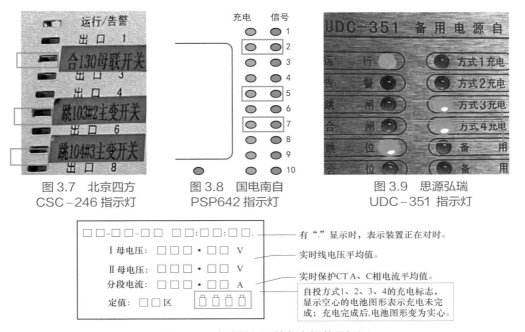

图 3.7 北京四方
CSC-246 指示灯

图 3.8 国电南自
PSP642 指示灯

图 3.9 思源弘瑞
UDC-351 指示灯

图 3.10 南瑞继保旧款备自投装置标识

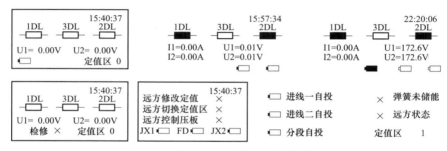

图 3.11　许继电气各型备自投装置标识

2）以主接线方式显示备自投是否充电完成。实心表示以该断路器为备用断路器的备自投充电完成，见图 3.12 及表 3.3。

3）用特殊图形表示充电状况，实心表示已充电，空心表示未充电，如图 3.13 所示。

（3）在液晶显示屏中用特殊的符号组合表示充电情况。

(a) 实物图

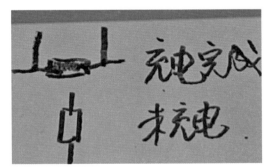

(b) 示意图

图 3.12 南瑞继保各型备自投装置标识

表 3.3 南瑞继保备自投状态指示对照表

状态	BZT 未投入	BZT 投入但充电未完成	分段备自投FBZT 充电完成	变压器备自投BBZT 充电完成	进线备自投LBZT 充电完成
标识	无标识				

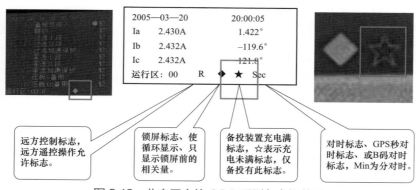

2005—03—20	20:00:05
Ia　2.430A	1.422°
Ib　2.432A	−119.6°
Ic　2.432A	121.8°

运行区：00　　R　◆　★　Sec

远方控制标志，远方遥控操作允许标志。

锁屏标志、使循环显示、只显示锁屏前的相关量。

备投装置充电满标志，☆表示充电未满标志，仅备投有此标志。

对时标志、GPS秒对时标志、或B码对时标志，Min为分对时。

图 3.13　北京四方的 CSC 系列备自投装置

四、差流值的现场检查

（1）母差保护：微机母差保护的通常差流正常值不大于 0.15A。

（2）线路保护：线路保护通常差流正常值不大于 0.2A。当线路混缆或长度较长且差流超过 0.2A 时，需考虑线路电容电流的影响。具体是：输电线路一次电容电流为 $I_c = U_n / \sqrt{3} X_c$，X_c 为正序容抗（见定值单），若 TA 变比为 N，线路二次电容电流 $= I_c/N$（单位为 A），修正后的线路差流应满足：线路差流 − 线路电容电流不大于 0.2A。

（3）变压器保护：微机主变压器保护的通常差流正常值不大于 $5\% I_e$。I_e 是变压器额定电流的二次值，即 $I_e = S_N / (\sqrt{3} \times U_N \times n_{TA})$

五、交流电压二次回路断线

（1）重点检查护屏背后及端子箱 TV 二次空开是否跳闸，如确实由二次空开跳闸引起，则应试合一次 TV 二次空开，此时若信号消失，则汇报调度；若此信号可复归，也应联系检修人员查明原因。保护装置接线示意图如图 3.14 所示。

（2）试合 TV 二次空气开关仍跳开，则检查电压二次回路有无明显接地、短路、接触不良现象，无法处理时联系检修人员进行检查处理。

（3）需紧急停运的情况。若为主变压器保护、线路保护，该信号如不能复归应立即汇报当值调度申请退出该套装置和电压相关的保护。

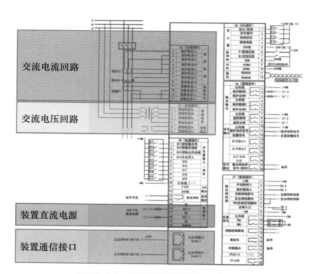

图 3.14　保护装置接线示意图

六、交流电流二次回路开路

（1）检查装置面板告警指示灯状态、装置告警报文、装置电流采样值是否正常。

（2）检查电流回路各个接线端子、线头是否松脱，连接片是否可靠，有无放电、烧焦现象。（应注意可能产生的高电压），如不能处理，联系检修人员进行处理。

（3）需紧急停运的情况。若为母差保护、线路保护，该信号不能复归应立即汇报调度，申请退出该保护或该保护出口压板。

TA 二次开路、端子排烧毁如图 3.15 所示，端子排发热如图 3.16 所示。

七、高频保护通道异常

收发信机通道测试 3dB 告警。按下通道试验按钮，保护发信逻辑是：保护发信 200ms，停信 5s，再发信 10s。收信逻辑是：保护收信 15s，其中前 5s 是对侧远方起信发过来信号，后 10s 本侧保护自发自收。所以在按下按钮后 5s，观察收信裕度指示灯，就能得到收信裕度大小。通道试验逻辑图如图 3.17 所示，高频保护收发信机试验按钮如图 3.18 所示。

图 3.15　TA 二次开路、端子排烧毁

图 3.16　端子排发热

（1）"3dB 告警"灯：在通道试验时，若收到对侧的信号低落 3dB 以上，此灯亮。

（2）"收信起动"灯：收信回路收到本侧或对侧高频信号且高频信号输入电平大于 +4dBm 时，灯亮。

（3）"收信裕度"灯：按 3dB 级差由上到下排列，共有五个指示收信裕度的灯。当收信输入电平大于 +10dBm 时（即收信裕度大于 6dB 时），"+6dB"灯亮。

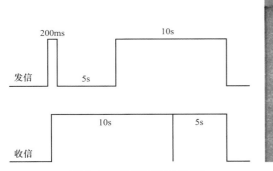

图 3.17　通道试验逻辑图　　　　图 3.18　高频保护收发信机试验按钮

八、站用交流系统巡视

（1）站用交流系统运行方式正确、备用电源自动投入装置指示正常，每季度进行一次所用电源切换试验，验证其动作正确性。

（2）具备用电源自动投入装置功能的交流系统和不具备用电源自动投入装置功能的交流系统均应进行所用电切换试验，已验证各元器件和供电回路正确。

（3）在进行所用电切换试验时，应当注意直流系统交流输入电源、主变压器风冷电源和不间断电源（uninterrupted power supply，UPS）等设备切换正常，各类二次及通信设备正常，无失电告警信号。双路电源定期切换试验流程如图 3.19 所示。

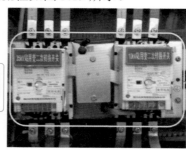

主供站用变压器低压侧空气开关

备用站用变压器低压侧空气开关

备自投切换装置

拉开常用电源电源空气开关	检查备用电源自动投入装置动作	检查交流负荷正常
·备用站用变压器低压侧三相电压正常。 ·站用电备用电源自动投入装置在投入状态。	·两台站用变压器低压侧电源切换正常。	·主变压器冷却系统； ·主变压器调压机构； ·直流充电机； ·照明系统； ·通风系统； ·UPS装置。

图 3.19　双路电源定期切换试验流程

（4）所用电切换试验通常通过试拉交流屏上进线刀闸切除进线电源，进行备自投功能验证和电源轮换试验。必要时，可通过试分站用变压器 400V 低压总开关来验证备自投功能。

（5）UPS 逆变电源系统交流进线电源若具备双路电源自动切换装置的，应进行切换检验，采取从进线侧分别断开交流输入电源一和交流输入电源二的方法，检验进线切换装置动作的准确性，确保切换动作无误。采取从电源进线侧先后分别断开交流输入电源和旁路电源的方法，检验逆变器功能是否正常（操作时必须按照步骤操作，在交流输入电源和旁路都断开的情况下，输出的电源电压正常）。

（6）各低压断路器位置指示正确，各支路指示灯应正常。防止并列的措施或标识完好，无异味异常声响。

（7）站用电三相负荷平衡，母线电压正常，低压熔断器无熔断。

（8）低压母线接头无松动，接头线夹无变色、氧化、发热，红外测温正常。

（9）母排支撑绝缘子无断裂、闪络等异常。母排支撑绝缘子断裂如图 3.20 所示。

图 3.20　母排支撑绝缘子断裂

九、站用直流系统巡视

（1）检查充电电源模块运行正常，检查电压、电流是否正常。充电电源无电流输出如图 3.21 所示，硅链降压模块工作灯灭如图 3.22 所示。

图 3.21　充电电源无电流输出

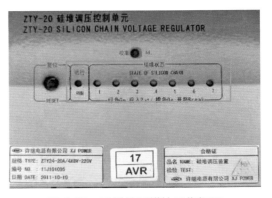

图 3.22　硅链降压模块工作灯灭

（2）监控装置"运行"灯亮，面板工作正常，无花屏、死机现象，无告警信号报出。

（3）充电模块运行正常，无报警信号，风扇正常运转，无明显噪声或异常发热。整流充电模块有火花如图 3.23 所示。

图 3.23　整流充电模块有火花

1号充电模块发出声音
风扇也不转

（4）充电屏交流输入电压值、直流输出电压值、直流输出电流值显示正确，蓄电池电流正常（大于0A）。1号蓄电池组电流升高至−25A，处于蓄电池放电状态如图 3.24 所示。

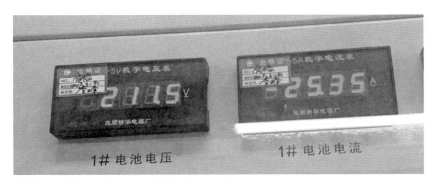

图 3.24　1 号蓄电池组处于蓄电池放电状态

（5）充电屏各元件标识正确可靠，空气开关、操作把手位置正确。

（6）屏柜（前、后）门接地可靠。风冷装置运行正常，滤网无积灰。

（7）蓄电池组输出熔断器运行正常、辅助报警接点工作正常。

（8）屏内清洁、无异常气味。

（9）绝缘监察装置巡检正常，无接地报警，正对地和负对地绝缘状态良好。

（10）检查蓄电池外观清洁，有无变形、破损、漏液、端子连接是否松动发热。

（11）蓄电池室无易燃、易爆物品；空调设置为自动 25℃，自动启停正常。蓄电池室温度宜保持在 5～30℃，最高不得超过 35℃，并检查通风、照明、消防设施完好。

（12）蓄电池电压在合格范围内，标称电压 2V 蓄电池浮充单体电压在 2.23～2.28V。阀控蓄电池在运行中电压偏差值及放电终止电压值见表 3.4。

表 3.4　　　　　　　　阀控蓄电池在运行中电压偏差值及放电终止电压值

阀控密封铅酸蓄电池	标称电压（V）		
	2	6	12
运行中的电压偏差值	±0.05	±0.15	±0.30
开路电压最大最小电压差值	0.03	0.04	0.06
放电终止电压值	1.80	5.40	10.80

（13）电池巡检采集单元运行正常，各单体蓄电池熔丝正常。电池巡检采集单元运行正常如图 3.25 所示,单体蓄电池熔丝正常如图 3.26 所示,电池组输出辅助报警接点工作正常如 3.27 所示，蓄电池单体电压监测线断裂如图 3.28 所示。

图 3.25 电池巡检采集单元运行正常

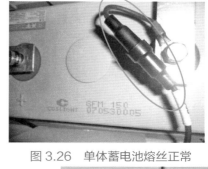

图 3.26 单体蓄电池熔丝正常

图 3.27 电池组输出辅助报警接点工作正常

图 3.28 蓄电池单体电压监测线断裂

（14）直流屏上进行交流进线电源轮换试验，可通过试分直流充电屏内交流进线电源空气开关进行自动切换检验。不仅验证备用电源的自投功能，也要验证常用电源的自复功能。

十、端子箱及检修电源箱巡视

（1）箱门锁孔、把手操作灵活，无生锈；密封圈完好，无破损、无老化；箱门能关紧、锁好。

（2）标示牌名称、编号齐全、完好；空气开关、熔丝等标识完好。

（3）常投加热器有加热；经温湿度控制的加热器能够按启动条件启动加热；温度、湿度定值设置正确。

（4）端子接线紧固，无松动、无发热、无发黑、无生锈。

（5）防火封堵完好，无缝隙、无孔洞。

（6）箱内清洁、干燥，无蜘蛛网、无积尘、无异物，防尘网清洁。

（7）在雷雨、潮湿、台风等恶劣天气前。

1）检查确认常热加热板在加热，经温湿度控制的加热板能够按启动条件启动加热。

2）检查确认所有机构箱、端子箱箱门关闭紧固，必要时可用单芯线临时加固。

3）对易进水的端子箱、机构箱使用防雨罩并绑扎牢固。

（8）在雷雨、潮湿、台风等恶劣天气后。

1）检查确认所有端子箱、机构箱是否进水、凝露，清理并擦干箱内的水。端子箱内进水如图 3.29 所示。

2）检查确认常热加热板在加热，经温湿度控制的加热板能够按启动条件启动加热。

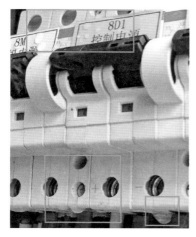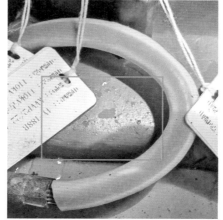

图 3.29　端子箱内进水

第四章
辅助设备巡视

一、防误系统

常见的防误系统包括机械防误、电气防误、测控防误、微机防误、后台防误、模拟图系统等。机械防误闭锁是利用电气设备的机械联动部件对相应电气设备操作构成的闭锁，常见于布置于一处的隔离开关与接地开关间；电气防误闭锁是将断路器、隔离开关、接地开关等设备的辅助接点接入电气操作电源回路构成的闭锁；测控防误、后台防误闭锁是利用测控装置及监控系统内置的防误逻辑规则，实时采集断路器、隔离开关、接地开关、接地线、网门、压板等一、二次设备状态信息，并结合电压、电流等模拟量进行判别的防误闭锁系统；微机防误闭锁是采用独立的计算机、测控及通信等技术，用于高压电气设备及其附属装置防止电气误操作的系统，主要由防误主机、模拟终端、电脑钥匙、通信装置、机械编码锁、电气编码锁、接地锁和遥控闭锁装置等部件组成。

1. 微机防误装置

（1）微机防误主机运行正常，无蓝屏、死机等情况，微机防误一次接线图正确，注意间隔更名、调整后是否及时修改。微机防误主机系统损坏无法开机如图 4.1 所示，线路已更名但微机防误系统未及时修改如图 4.2 所示。

图 4.1 微机防误主机系统损坏无法开机

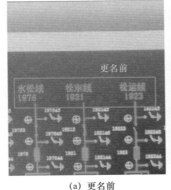 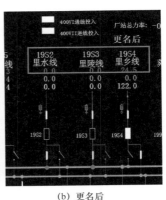

(a) 更名前   (b) 更名后

图 4.2 线路已更名但微机防误系统未及时修改

（2）微机防误锁具、位置确认装置应无损坏、码片脱落等情况。微机防误位置确认装置松动如图 4.3 所示。

（3）主机空闲的 USB、LAN、WAN 等端口应实行物理封闭，并粘贴明显标识标签。内网终端上各类接口应张贴标识并物理封闭如图 4.4 所示。

图 4.3　微机防误位置确认装置松动

2. 解锁钥匙箱

解锁钥匙箱应完好、运行正常、安装牢固，应无死机、离线、断电等情况。解锁钥匙箱实际离线和正常运行如图 4.5 所示。

(a) 示例 1　　　　　　　　　　　(b) 示例 2

图 4.4　内网终端上各类接口应张贴标识并物理封闭

（a）解锁钥匙箱实际离线　　　　　　　　　（b）解锁钥匙箱正常运行

图4.5　解锁钥匙箱实际离线和正常运行

3. 管理机

管理机应运行正常、网络畅通，预演模拟图系统使用正常，一次接线图及运方与现场一致。在线预演模拟图程序错误无法打开如图4.6所示。

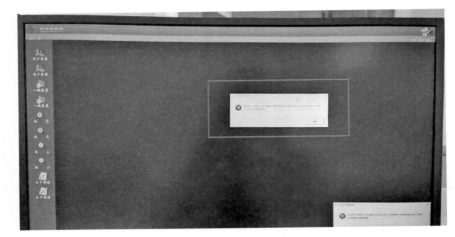

图 4.6　在线预演模拟图程序错误无法打开

4. 其他

（1）变电站防误系统应具备完善的全站性防误闭锁功能，应覆盖站内所有设备，对机械闭锁或电气联锁功能不完善的设备应加挂防误锁具。消弧线圈改造小电阻后，站用变压器网门电磁锁失效，未及时加挂机械锁及纳入解锁钥匙管理如图 4.7 所示。

图 4.7　站用变压器网门电磁锁失效

（2）变电站解锁钥匙应放置在智能解锁钥匙箱内，改扩建工程结束后应特别注意；钥匙标签、钥匙箱内钥匙位置标签、解锁钥匙对照表、智辅平台解锁钥匙名称应一致，设备更名、改扩建工程结束后应特别注意。扩建工程结束后主变压器电气解锁钥匙遗留在隔离开关操作箱如图 4.8 所示。

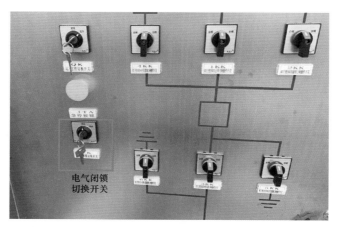

图 4.8　扩建工程结束后主变压器电气解锁钥匙遗留在隔离开关操作箱

（3）带电显示器应正常运行，三相均能正常显示。运行线路带电显示器一相不亮如图 4.9

所示，线路带电显示器探头断裂与正常探头如图 4.10 所示。

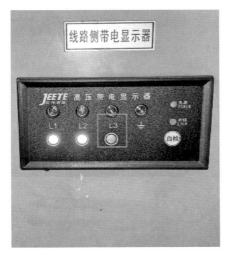

(a) 示例 1

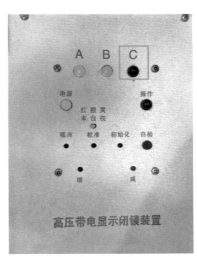

(b) 示例 2

图 4.9 运行线路带电显示器一相不亮

(a) 断裂探头   (b) 正常探头

图 4.10 线路带电显示器探头断裂与正常探头

（4）接地桩、爬梯等应上锁。电抗器爬梯无法上锁与更换锁具后如图 4.11 所示，接地桩未挂锁与正常挂锁如图 4.12 所示。

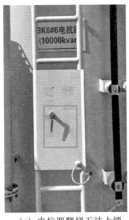

（a）电抗器爬梯无法上锁

（b）更换锁具后

图 4.11　电抗器爬梯无法上锁与更换锁具后

（a）接地桩未挂锁

（b）正常挂锁

图 4.12　接地桩未挂锁与正常挂锁

二、土建设施

1. 站所及周边环境

（1）检查站所周边是否存在彩钢板、篷布、飘带、塑料垃圾等易漂浮物，站内设备有无搭挂异物，如有应尽量清理并上报隐患。站外工地篷布如图 4.13 所示，站内导线上搭挂塑料飘带如图 4.14 所示，电流互感器上搭挂塑料布如图 4.15 所示。

图 4.13 站外工地篷布

图 4.14 站内导线上搭挂塑料飘带

图 4.15 电流互感器上搭挂塑料布

（2）围墙周围不得随意取土，不得有违规建筑；围墙应保持完整，不应有孔洞、大面积裂纹。围墙异常情况如图 4.16～图 4.18 所示。

图 4.16　站外开挖电缆沟未做好支护致围墙地基下沉

图 4.17　站外借围墙搭设的违章建筑

图 4.18　大风致围墙损坏

（3）站所内外应无"树线矛盾"或树木生长影响电子围栏、视频球机等情况，春夏季节草木生长速度快，巡视时应特别注意。植物生长影响设备如图 4.19～图 4.22 所示。

图 4.19　树枝伸入带电设备围栏内

图 4.20　树枝与母排距离过近

图 4.21 地面长草过高

图 4.22 藤蔓爬上站用变压器

（4）现场应无各类工程项目、检修工作的遗留杂物，如 SF_6 气瓶、退役设备（屏柜）、试

验设备等。现场遗留杂物情况如图 4.23～图 4.25 所示。

图 4.23　现场遗留的试验设备

图 4.24　设备更换后遗留的屏柜

图 4.25　设备补气后遗留的 SF_6 气瓶及施工垃圾

（5）站内五箱（柜）门应正常关闭，无破损、变形，密封胶条无老化，箱体密封良好，锁具正常。五箱（柜）门异常如图 4.26～图 4.29 所示。

图 4.26　箱门锁坏临时绑扎　　图 4.27　箱体密封不良进水　　图 4.28　箱门密封条老化脱落

图 4.29 端子箱底部基础破损未封堵，蜜蜂在内筑巢

（6）站内各设备标示牌、相色应牢固、清晰、准确，无变形、严重褪色、变色、脱落等情况。标示牌异常情况如图 4.30～图 4.32 所示。

图 4.30　设备标示牌脱落

图 4.31　标示牌褪色

图 4.32　设备投运后未及时更换正式标示牌

（7）电缆沟盖板应尺寸统一，盖板应平整、稳定；下部有防火墙的盖板应有明确标示。电缆盖板异常情况如图 4.33 和图 4.34 所示。

图 4.33 电缆盖板破损

图 4.34 电缆盖板底部支撑破损翘起

2. 小动物防治

（1）高压配电室（35kV 及以下电压等级高压配电室）、低压配电室、电缆层室、蓄电池室、通信机房、设备区保护小室等通风口处应有防鸟措施（金属网），出入门应有防小动物挡板且高度不低于 40cm，挡板因工作需要取下的应尽快恢复；通往室外的门窗应及时关闭。防小动物挡板被工作人员移开后未及时恢复如图 4.35 所示。

图 4.35　防小动物挡板被工作人员移开后未及时恢复

（2）站内各处穿线、穿管各部位应封堵完好，特别是贯通室内外的孔洞、电缆沟等，此外还应注意各类设备与房屋、基础连接部分的缝隙应有封堵；因工作打开的孔洞当天工作结束应临时封堵，工作完毕应专业封堵。未封堵情况如图 4.36～图 4.40 所示。

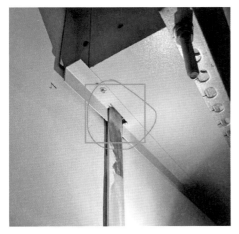

图 4.36　母线桥箱与接地排间缝隙未封堵

图 4.37　防火隔墙电缆穿孔未封堵

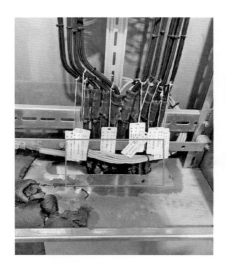

图 4.38　端子箱内电缆孔洞未封堵

图 4.39　站用变压器仓内电缆孔洞未封堵

图 4.40　开关柜内电缆孔洞未封堵

（3）排水口如空调、抽湿机排水管等，应有金属网封口；站内卫生间等处地漏应有盖板。

特别注意辅助设备移动后原处留下的孔洞应及时封堵。原处留下的孔洞未及时封堵情况如图 4.41 和图 4.42 所示。

图 4.41　穿墙排水管无金属网封口也未封堵　　　图 4.42　空调移位后墙壁打孔未封堵

（4）粘鼠板、捕鼠笼应打开，放置到位；驱鼠器、驱鸟器应正常运行，无异常声响。粘鼠板、捕鼠笼正常打开状态如图 4.43 和图 4.44 所示。

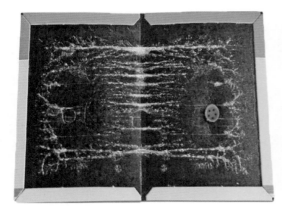

图 4.43　粘鼠板正常打开状态

图 4.44　鼠笼正常打开状态

3. 设备基础、构支架及房屋

（1）基础无开裂、倾斜、下沉、鼓胀。倾斜、下沉等情况如图 4.45～图 4.47 所示。

图 4.45 端子箱基础沉降致倾斜

图 4.46 避雷器基础倾斜

图 4.47　主变压器室东侧地基沉降明显

（2）构支架无变形、倾斜，无严重裂纹，钢筋混凝土构支架外皮无脱落，无风化露筋、无贯穿性裂纹，构支架接地引下线无断裂、锈蚀，连接紧固，色标清晰可辨。支架异常情况如图 4.48～图 4.51 所示。

图 4.48　门型架接地引下线上部脱落

图 4.49　支架外皮破损脱落

变电运维巡视口袋书

图 4.50　支架外皮裂缝　　　　　　图 4.51　支架及基础倾斜

（3）连接部件、螺栓牢固，无锈蚀、松动、焊缝开裂、断裂现象。连接部件、螺栓异常情况如图 4.52～图 4.54 所示。

160

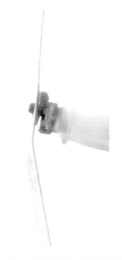

图 4.52　支柱一侧固定螺栓脱落　　　图 4.53　接地排螺栓脱落　　图 4.54　接地排支持绝缘子断裂

（4）墙面清洁、无破损，内墙无渗漏水痕迹，地面清洁、无积水、无裂纹，特别注意渗漏水时做好措施避免水进入设备内部，如加盖防雨布等。墙面及地面异常情况如图 4.55～图 4.58 所示。

图 4.55　天花板粉刷层脱落

图 4.56　开关室隔墙开裂

图 4.57 雨后墙面渗水

图 4.58 设备室地面积水

（5）近电部位土建设施应无脱落后搭挂带电设备的隐患。铸铁排水管存在锈蚀脱落、搭挂带电设备隐患，以及治理后如图 4.59 所示。屋面檐口装饰铝塑板架子锈蚀严重存在脱落隐患及治理后如图 4.60 所示。

(a) 铸铁排水管隐患　　　　　　　　(b) 治理后

图 4.59　铸铁排水管隐患及治理后

（a）脱落隐患（示例 1）

（b）脱落隐患（示例 2）

（c）治理后

图 4.60　屋面檐口装饰铝塑板架子脱落隐患及治理后

三、安全工器具

（1）试验合格标签粘贴牢固且在试验合格期内。安全工器具试验合格证如图 4.61 所示。

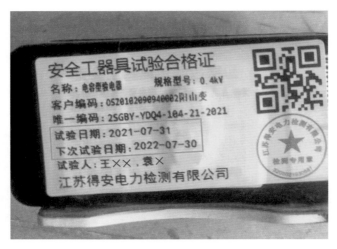

图 4.61　安全工器具试验合格证

（2）标签标识应完善，各类工器具存放在定置位置，无缺漏，接地线编号与柜体编号对应。接地线编号牌如图4.62所示，接地线摆放与柜内标签不对应如图4.63所示。

图4.62　接地线编号牌

按照标签应为上3下3摆放

图4.63　接地线摆放与柜内标签不对应

（3）安全工器具外观应正常，无破损、变形等情况。接地端导线散股脱出、装配工艺不良如图 4.64 所示。

(a) 处理前　　　　　　　　　　　　　(b) 处理后

图 4.64　接地端导线散股脱出、装配工艺不良

（4）安全工器具试验后，应检查送还（更换）的工器具与本站电压等级匹配，接地线接地端、导体端与本站设备接地点匹配，接地棒与地线导体端匹配。电磁锁与地线接地端对应关系示例如图 4.65 和图 4.66 所示。

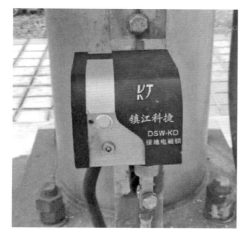

(a) 镇江科捷接地电磁锁　　　　　(b) 南京胜太接地电磁锁　　　　(c) 匹配的接地线接地端

图 4.65　镇江科捷、南京胜太接地电磁锁及对应接地端

(a) 珠海优特接地电磁锁　　　　　　(b) 匹配的接地线接地端

图 4.66　珠海优特电磁锁接地电磁锁及对应接地端

四、消防、安防系统

（1）变电站应制定消防器材布置图，标明存放地点、数量和消防器材类型，消防器材按布置图布置，不得随意移动或挪作他用。消防器材被挪作他用如图 4.67 所示。

（a）灭火器箱中灭火器缺失　　　　　　　（b）违规使用灭火器挡门

图 4.67　消防器材被挪作他用

（2）灭火器检验不超期，压力正常，铅封完好，失效或使用后的消防器材必须立即搬离存放地点并及时补充；站内各消防用有压设备（排油充氮氮气瓶、水喷淋系统等）压力合格。主变压器充氮灭火柜内氮瓶压力临界（8MPa）如图 4.68 所示。

图 4.68　主变压器充氮灭火柜内氮瓶压力临界（8MPa）

（3）火灾报警控制器各指示灯显示正常，无异常报警；火灾自动报警系统触发装置安装牢固，外观完好。火灾报警控制器自身故障（无告警信号上送）如图 4.69 所示。

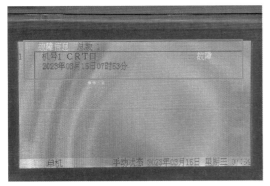

（a）示例 1

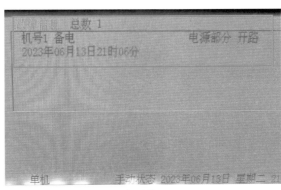

（b）示例 2

图 4.69 火灾报警控制器自身故障（无告警信号上送）

（4）摄像机安装牢固，外观完好，方位正常，视频主机屏内的设备运行情况良好，无发热、死机等现象。视频摄像机及视频柜内设备异常情况如图 4.70 和图 4.71 所示。

图 4.70　视频摄像机损坏脱落

图 4.71　视频柜内设备蓝屏死机

（5）安防报警控制器撤、布防正常，电子围栏主导线架设正常，无松动、断线现象，主导线上悬挂的警示牌无掉落。电子围栏松动断线如图 4.72 所示。

图 4.72 电子围栏松动断线

五、防汛、给排水系统

（1）站内排水畅通、各处无积水，屋顶落水口无堵塞，落水管固定牢固，无破损。屋顶落水口堵塞积水，可能导致墙面渗水、倒灌设备室，如图 4.73 所示。

图 4.73　屋顶落水口堵塞积水

（2）地下室、电缆沟、电缆隧道排水畅通，无堵塞。排水不畅通及积水如图 4.74～图 4.76 所示。

图 4.74 电缆层集水井排水不畅

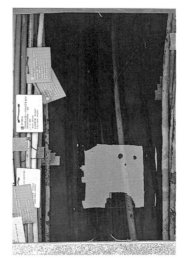

图 4.75 电缆沟积水

图 4.76 电缆夹层积水

（3）排水泵控制方式应放在自动位置，电源应正常；每年汛前对水泵、管道等排水系统、电缆沟（或电缆隧道）、通风回路、防汛设备进行检查，对污水泵、潜水泵、排水泵进行启动试验，保证处于完好状态。水泵控制箱内切换开关未放在自动位置如图 4.77 所示。

图 4.77　水泵控制箱内切换开关未放在自动位置

六、采冷、采暖、通风、除湿设施

（1）各设备室温湿度计应正常，有损坏、缺失的应及时消缺完善。温湿度传感器故障如图 4.78 所示。

图 4.78　温湿度传感器故障

（2）空调、除湿机运转平稳、无异常振动声响，冷凝水排放畅通；风机运转正常，无异常声响，通风口通畅无异物；给排水设备阀门、管道完好，无跑、冒、滴、漏现象。抽湿机排水不畅积水溢出如图 4.79 所示。

图 4.79　抽湿机排水不畅积水溢出

（3）结合寒冷潮湿天气检查防潮防凝露装置，设备室的相对湿度不得超过 75%，按照实际天气情况调整各设备的制冷、制热等功能。箱柜内加热除湿装置应随环境条件及时启停，如图 4.80 所示，设备室湿度过高屏柜内部凝露如图 4.81 所示。

图 4.80　箱柜内加热除湿装置　　　　图 4.81　设备室湿度过高屏柜内部凝露

（4）空调等制冷设备出风口不应正对设备、温湿度计等，避免设备内部产生冷凝水或造成测量不准。空调出风口朝向避开设备如图 4.82 所示。

图 4.82　空调出风口朝向避开设备

第五章
专项巡视

一、鸟害问题（鸟窝为主）

巡视发现鸟窝时，根据鸟窝位置、是否有金属丝等判断可能造成的后果，当有跳闸风险时应立即上报联系处理。特别地，注意改扩建现场是否有金属丝等遗留，防止鸟类衔取造成设备短路。

当鸟窝搭建在运行设备本体或上方时，如遇异常天气等情况可能造成设备跳闸。

（1）鸟窝位于母差保护范围设备本体或上方，可能造成母线跳闸。母差保护范围内鸟窝隐患如图 5.1 所示。

(a) 母线隔离开关上鸟窝   (b) 母线隔离开关上方鸟窝   (c) 母线上方有鸟窝

图 5.1　母差保护范围内鸟窝隐患

（2）鸟窝位于主变压器差动保护范围内设备上，可能造成主变压器跳闸。主变压器差动保护范围内鸟窝隐患如图 5.2 所示。

（a）主变压器 35kV 穿墙电缆处鸟窝　　　（b）主变压器隔离开关刀口鸟窝　　　（c）气体继电器防雨罩内鸟窝

图 5.2　主变压器差动保护范围内鸟窝隐患

（3）鸟窝位于线路出线侧，可能造成线路跳闸。线路出线侧鸟窝隐患如图5.3所示。

(a) 220kV 线路避雷器上方鸟窝

(b) 220kV 线路出线侧上方鸟窝

图 5.3　线路出线侧鸟窝隐患

（4）不影响设备运行的鸟窝，宜结合巡视跟踪检查，结合计划工作处理。避雷针塔上鸟窝不影响站内设备运行如图 5.4 所示。

图 5.4 避雷针塔上鸟窝不影响站内设备运行

二、特殊天气巡视

1. 高温天气

结合环境温度、负荷大小、散热通风条件，对照主变压器油位－油温曲线，判断主变压器油位、油温情况，可借助红外测温辅助判断油位。确保户内主变压器冷却（通风）系统运行正常，切换、轮换试验正常。主变压器油温油位监测设备如图 5.5 所示。

(a) 主变压器油温（绕组温度）　　(b) 油位－油温曲线　　(c) 油位计

图 5.5　主变压器油温油位监测设备

2. 台风（大风）天气

注意观察户外引线摆动情况，设备有无搭挂杂物，仔细检查户外设备区周围有无易被大风刮起的杂物。设备搭挂漂浮杂物如图 5.6 和图 5.7 所示。

图 5.6　电流互感器上异物悬挂

图 5.7　变电站外塑料薄膜

3. 雷雨季

大雨前检查门窗是否关好，箱体柜门是否关闭良好。春、夏季雷电活动较多，应注意检查避雷器与放电计数器间引线及接地引下线的完好性，应完整，无松脱、断裂、锈蚀或烧伤痕迹。雷击后注意观察绝缘子、套管有无闪络痕迹，引线有无烧伤痕迹，抄录避雷器动作情况、泄漏电流指示变化情况。正常避雷器接地引下线如图 5.8 所示。

(a) 整体外观   (b) 关键连接位置

图 5.8　避雷器接地引下线

4. 梅雨季

注意检查绝缘子积露情况，户内外箱体内驱潮、加热器是否投入，箱门是否严密，内部有无凝露。加热器未投入且箱内有明显凝露现象如图 5.9 所示，二次屏柜内有明显凝露如图 5.10 所示。

图 5.9　加热器未投入且箱内有明显凝露现象

（a）二次屏柜正面　　　　　　　　（b）屏柜门内侧

图 5.10　二次屏柜内有明显凝露

5. 汛期检查

每年汛前对防汛设备全面检查、试验，防汛设备物资应完好充备，排水系统应保持良好工作状态，正常放在自动位置。加强地下室、电缆层等可能积水场所的排水设施检查，检查有无防进水措施。雨后检查开关室、地下室、电缆层等积水情况，以及各类箱体受潮情况。电缆层有积水及受潮情况如图 5.11 所示，GIS 开关室地面积水如图 5.12 所示。

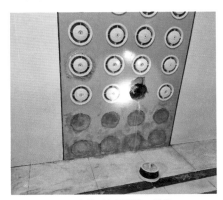

(a) 电缆层积水　　　　　　　　　　　(b) 电缆预留通道堵口脱落

图 5.11　电缆层有积水及受潮情况

图 5.12　GIS 开关室地面积水

6. 干燥天气

夏、秋两季天干物燥，极易引发火灾，结合巡视注意检查站内外应无枯木、落叶等易燃物遗留堆放，特别是电缆通道处。

变电站内外枯叶及塑料袋堆积，易引发火灾危及站内设备，如图 5.13 所示。

(a) 变电站大门口　　　　　　　　(b) 接地变压器成套装置周围

图 5.13　变电站内外枯叶及塑料袋堆积

7. 浓雾、毛毛雨、下雪

检查设备瓷质绝缘表面有无放电和严重电晕，必要时开展熄灯巡视。

8. 寒潮、大雪

加强对户外开关类设备机构箱、汇控柜保温、密封、驱潮、加热等装置检查维护，确保户外箱体各类加热除湿装置良好运行。重点观察注油充气设备有无渗漏迹象，压力是否过低。绝缘子积雪积冰现象，管道有无冻裂。

三、红外测温（普测）

1. 普测要求

（1）环境温度宜不低于 0℃，相对湿度不宜大于 85%，检测时风速一般不大于 5m/s。

（2）室外或白天检测时，要避免阳光直射或通过被摄物反射进入仪器镜头；室内或晚上检测时，要避开灯光直射，宜闭灯检测。

（3）检测电流致热型设备一般在不低于 30%额定负荷下检测。

2. 普测方法

（1）可采用自动量程设定。

（2）被测设备的辐射率可取 0.9。

（3）选择彩色显示方式，一般选择铁红色调色板。

（4）对于面状发热部位（如套管压接板），可采用区域最高温度自动追踪。

（5）对于柱状发热设备（如避雷器），可采用线性温度分析功能。

3. 普测周期

220kV 变电站每月一次，110kV 及以下变电站每季度一次，迎峰度夏（冬）、大负荷、新设备投运、检修结束送点期间要增加检测频次。配置机器人的变电站可由智能巡检机器人完成。

4. 常用判断方法

（1）电流致热型设备。主要采用表面温度判别法和相对温差判断法，常见情况对照依据见表 5.1。

表 5.1　　　　　　　　　　电流致热设备诊断判据（常用部分）

设备部位	缺陷性质		
	危急缺陷	严重缺陷	一般缺陷
设备与金属部件连接接头、线夹	热点温度大于 110℃或$\delta \geqslant$95%且热点温度大于 80℃	热点温度不小于 80℃或$\delta \geqslant$80%但热点温度未达紧急缺陷温度值	$\delta \geqslant$35%但热点温度未达到严重缺陷温度值
金属部件与金属部件连接接头、线夹	热点温度大于 130℃或$\delta \geqslant$95%且热点温度大于 90℃	热点温度不小于 90℃或$\delta \geqslant$80%但热点温度未达到紧急缺陷温度值	$\delta \geqslant$35%但热点温度未达到严重缺陷温度值
金属导线	热点温度大于 110℃或$\delta \geqslant$95%且热点温度大于 80℃	热点温度不小于 80℃或$\delta \geqslant$80%但热点温度未达到紧急缺陷温度值	$\delta \geqslant$35%但热点温度未达到严重缺陷温度值

续表

设备部位	缺陷性质		
	危急缺陷	严重缺陷	一般缺陷
隔离开关转头、刀口	热点温度大于130℃或$\delta \geqslant$95%且热点温度大于90℃	热点温度不小于90℃或$\delta \geqslant$80%但热点温度未达到紧急缺陷温度值	$\delta \geqslant$35%但热点温度未达到严重缺陷温度值
套管柱头、电容器熔丝	热点温度大于80℃或$\delta \geqslant$95%且热点温度大于55℃	热点温度不小于55℃或$\delta \geqslant$80%但热点温度未达到紧急缺陷温度值	$\delta \geqslant$35%但热点温度未达到严重缺陷温度值
干式变压器、接地变压器、串联电抗器、并联电抗器	F级绝缘热点温度大于155℃；H级绝缘热点温度大于180℃；相间温差大于20℃	F级绝缘热点温度不小于130℃；H级绝缘热点温度不小于140℃；相间温差大于10℃	$\delta \geqslant$35%但热点温度未达到严重缺陷温度值

注　相对温差计算公式：$\delta = (T_1 - T_2)/(T_1 - T_0)$。

式中：T_1为发热点的温度，℃；T_2为正常相对应点的温度，℃；T_0为被检测设备区域的环境温度，即气温，℃。

（2）电压致热型设备。主要采用图像特征判断法和同类比较判断法，通常使用相间温差进行判断，电压致热型设备缺陷一般定为严重及以上缺陷。电压致热设备诊断判据（常用部分）见表5.2。

表 5.2   电压致热设备诊断判据（常用部分）

设备类别		热像特征	温差
电流互感器	10kV 浇注式	以本体为中心整体发热	4K
	油浸式	以瓷套整体温升增大且瓷套上部温度偏高	2～3K
电压互感器 （含电容式）	10kV 浇注式	以本体为中心整体发热	4K
	油浸式	以整体温升偏高，且中上部温度高	2～3K
高压套管	—	整体发热热像或局部发热	2～3K
氧化锌避雷器	—	正常整体轻微发热，分布均匀，较热点一般在靠近上部。整体（或单节）发热或局部发热为异常	0.5～1K

注　依据为《带电设备红外诊断应用规范》（DL/T 664—2016）。

5. 典型红外测温图谱

（1）典型电流致热型红外图谱。

1）变压器漏磁环流引起箱体局部发热。变压器漏磁环流引起箱体局部发热如图 5.14 所示。

(a) 红外图谱   (b) 可见光图

图 5.14 变压器漏磁环流引起箱体局部发热

2）电流互感器接头发热。电流互感器接头发热如图 5.15 所示。

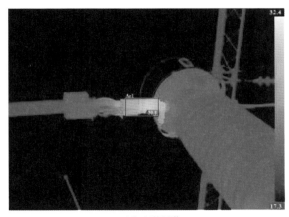

（a）红外图谱

（b）可见光图

图 5.15　电流互感器接头发热

3）电容器熔丝座发热。电容器熔丝座发热如图 5.16 所示。

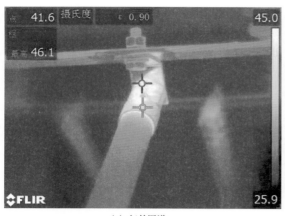

(a) 红外图谱　　　　　　　　　　　　　(b) 可见光图

图 5.16　电容器熔丝座发热

4）套管柱头发热。套管柱头发热如图 5.17 所示。

(a) 红外图谱   (b) 可见光图

图 5.17　套管柱头发热

5）线夹发热。线夹发热如图 5.18 所示。

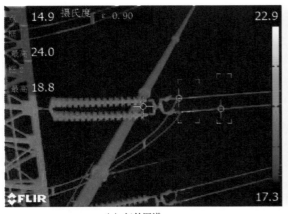

(a) 红外图谱

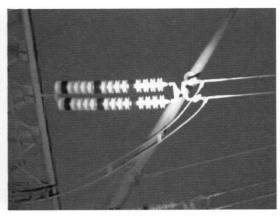

(b) 可见光图

图 5.18　线夹发热

6）隔离开关刀口发热。隔离开关刀口发热如图 5.19 所示。

(a) 红外图谱

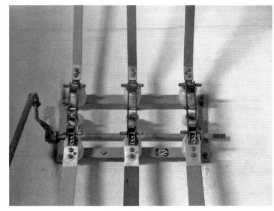

(b) 可见光图

图 5.19 隔离开关刀口发热

7）隔离开关转头发热。隔离开关转头发热如图 5.20 所示。

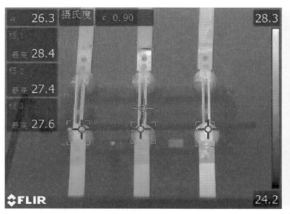

(a) 红外图谱   (b) 可见光图

图 5.20 隔离开关转头发热

8）断路器触头发热。断路器触头发热如图 5.21 所示。

（a）红外图谱

（b）可见光图

图 5.21　断路器触头发热

（2）典型电压致热型红外图谱。

1）电压互感器电磁单元发热。电压互感器电磁单元发热如图 5.22 所示。

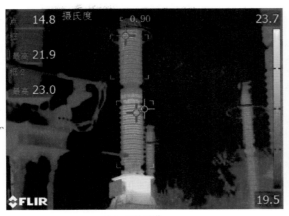

（a）红外图谱

（b）可见光图

图 5.22　电压互感器电磁单元发热

2）电容器单体发热。电容器单体发热如图 5.23 所示。

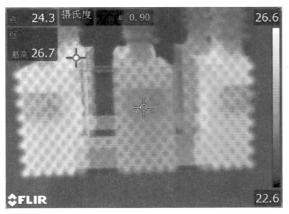

(a) 红外图谱

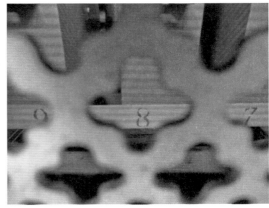

(b) 可见光图

图 5.23 电容器单体发热

3）避雷器异常发热。避雷器异常发热如图 5.24 所示。

(a) 红外图谱

(b) 可见光图

图 5.24　避雷器异常发热

4）电缆接地引线局部异常发热。电缆接地引线局部异常发热如图 5.25 所示。

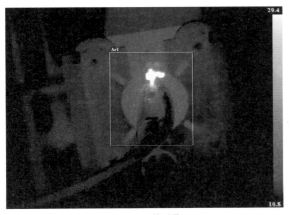

（a）红外图谱

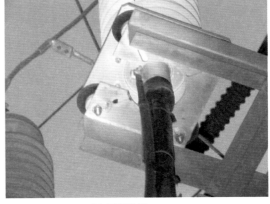

（b）可见光图

图 5.25 电缆接地引线局部异常发热

5）穿墙套管发热。穿墙套管发热如图 5.26 所示。

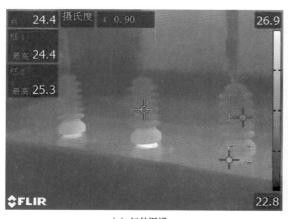

（a）红外图谱

（b）可见光图

图 5.26　穿墙套管发热

（3）其他常见发热红外图谱。

1）变压器底部螺栓发热。变压器底部螺栓发热如图 5.27 所示。

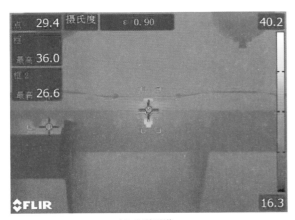

(a) 红外图谱   (b) 可见光图

图 5.27　变压器底部螺栓发热

2）运行变压器散热器蝶阀（油路阀门）未打开。运行变压器散热器蝶阀未打开如图 5.28 所示，运行变压器油路阀门未打开（红外图谱）如图 5.29 所示。

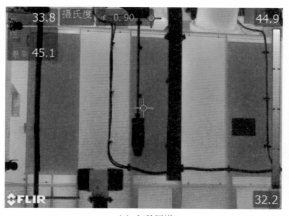

（a）红外图谱　　　　　　　　　　（b）可见光图

图 5.28　运行变压器散热器蝶阀未打开

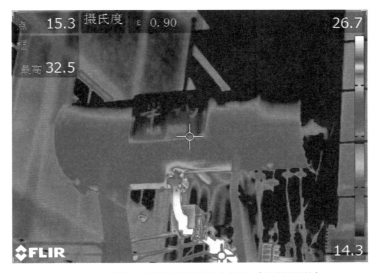

图 5.29 运行变压器油路阀门未打开（红外图谱）

3）GIS 设备发热。GIS 设备发热如图 5.30 所示。

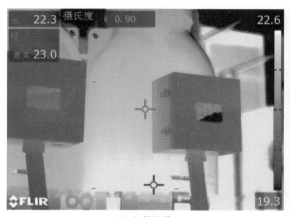

(a) 红外图谱　　　　　　　　　　　　(b) 可见光图

图 5.30　GIS 设备发热

4）二次端子异常发热。二次端子异常发热如图 5.31 所示。

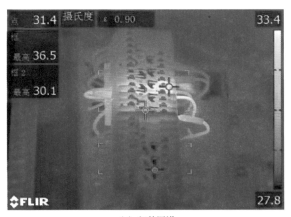

（a）红外图谱

（b）可见光图

图 5.31　二次端子异常发热